别让
现在的坏事
赶走
未来的好事

艾尔文 / 著

中国传媒大学 出版社
北京

图书在版编目（CIP）数据

别让现在的坏事　赶走未来的好事 / 艾尔文著. ——北京：中国传媒大学出版社，2020.2
ISBN 978-7-5657-2523-4

Ⅰ.①别… Ⅱ.①艾… Ⅲ.①人生哲学–通俗读物 Ⅳ.① B821-49

中国版本图书馆 CIP 数据核字（2019）第 161496 号

版权所有 © 艾尔文

本书版权经由方智出版社授权北京今日今中图书销售中心出版简体中文版
委任安伯文化事业有限公司代理授权

本书中文简体版由北京今日今中图书销售中心授权中国传媒大学出版社在中国大陆出版，
中国传媒大学出版社拥有本书中文简体版独家版权，
非经书面同意，不得以任何形式任意重制、转载。

别让现在的坏事　赶走未来的好事
BIE RANG XIANZAI DE HUAISHI　GANZOU WEILAI DE HAOSHI

著　　者	艾尔文
总 策 划	北京今日今中图书销售中心
责任编辑	欧丽娜
封面设计	北京今日今中图书销售中心
责任印制	阳金洲

出版发行	中国传媒大学出版社		
社　　址	北京市朝阳区定福庄东街 1 号	邮编：	100024
电　　话	86-10-65450528　65450532	传真：	65779405
网　　址	http://cucp.cuc.edu.cn		
经　　销	全国新华书店		
印　　刷	北京印刷集团有限责任公司印刷一厂		
开　　本	880×1230mm　1/32		
印　　张	7		
字　　数	133 千字		
版　　次	2020 年 2 月第 1 版		
印　　次	2020 年 2 月第 1 次印刷		
书　　号	ISBN 978-7-5657-2523-4/B · 2523	定价：	45.00 元

版权所有　翻印必究　印装错误　负责调换

前言 PREFACE

过得好，
是因为你让自己看见了美好

"如果当时做了不同的选择，是否一切会比现在更好？"

曾经有好长一段时间，我经常用这句话来拷问自己。即使做着看似稳定的工作，仍埋怨自己为何过得不快乐，无法拥有想要的生活，因此常常陷入后悔的情绪中。已经分不清是因为工作的压力，还是对未来的迷茫与困惑，早上总是没有动力起床，晚上总是舍不得离开沙发。白天做着重复的工作、解决一再出现的老问题，夜晚则拖着疲累的身躯、沿着空荡的路骑车回家。日子对我来说有如踏着悬浮在空中的自行车，明明很拼命地踩着，却感觉仍停留在原地。

当时，我纵容自己产生很多后悔的念头，我怪自己没有选择另一条路，没有勇气尝试另一种活法；后悔没有对某个人说些什么，没有在机会来临时付出全力；后悔没有在应该站出来时为自己多做解释，没有在面对选择时诚实地听取自己的心声。

那段时间，我虽然还不至于对人生绝望，却感觉自己很难喜欢以后的生活，似乎注定要做着一份无法令自己开心的工作，无奈地过着提不起劲的人生。有好几个早晨，我想休一个长假

2 别让现在的坏事赶走未来的好事

让自己沉淀,却又找不到足够的勇气离开;有好几个夜晚,我已萌生离职的打算,却又无法下定决心付诸行动。

要不是那天发生的意外,冲击到我已渐渐失去热情的工作,迫使我从不同的角度去看待接下来的人生,或许直到现在,我依旧活在后悔之中。

在我准备讲述那件意外之前,想先跟你聊一聊这件事:在生活中,你是否也曾因为某些坏事,被迫在原本规划的人生中停了下来,却在之后忘了要继续前进,错过一些可能的美好?

也许是听到别人带有恶意的一句话而难过好久,化解不了朋友间因误会而产生的冲突,纠结在无端被牵扯进去的麻烦中,无法谅解家人对你的某些行为。又或者,你不再像过去那么有活力,莫名失去探索人生的热忱,怀疑当初为什么要选择眼前这条路,在目前的工作中找不到应该积极的理由,反复思考着,如果可以重来一次是否会比现在更好?

于是,这些烦恼所引起的负面情绪,开始趁你不注意时,渐渐侵占整颗心。

通常,这些内心的阴霾只要你不去理会,过几天就会散去。但是,有些事情却会一直卡在心中过不去,渐渐潜藏在内心深处,一旦爆发就来不及阻止,只能眼睁睁看着它们到处扩散,肆虐心情,影响接下来的每一天。

其实,处在低潮时,很少有人可以马上走出来,反而是愈尽力挣脱陷得愈深。期间不管是强颜欢笑,或试图调整心态,都不见得会有帮助。倒不如趁机跟自己好好对话，平静地等待风暴过去。

如同改变我人生的那件事，发生时让我极度沮丧，仿佛我正漂泊在海上，却遇到再也抹不去的黑夜，望着天空，却看不见未来的路在何方。最后，我就是静静地等它过去，才有机会重新找回喜欢自己的力量。此刻，我走过来了，相信你也可以。

如果你认识我，曾经读过我写的文章，应该会注意到过去我写的主题大多跟理财有关。提到理财，有些人脑中会浮现出枯燥无味的数字，还有理性的逻辑分析，我在网络上留给许多人的印象确实是如此。然而私底下的我，其实是一个非常感性的人。我看到大海会赞叹，遇到微风会闭上眼，望着夕阳会产生思念，看到流星会无比兴奋，每每在秋天到来时会忍不住惆怅，有时心思细腻到反而困住自己。

正因如此，我特别容易听懂别人的故事与背后想阐述的心声，特别会留意自己对某件事的想法，以此作为成长的种子，赋予自己前进的动力。如今，我想通过这本书来告诉你那些体会。

约莫在2014年年底，我开始在每个星期日晚上8点55分分享理财以外的文章。这些文章大多是对生活的感悟，有些是对于人生的看法，我将其放在网络上，希望能以富有温度和正能量的文字，解开一点儿现实带来的无奈，陪伴大家安然进入梦乡，期许大家能拨开焦虑的迷雾，找回前进的力量，以更好的自己迎接明天。

起初，之所以会写这些文章，是因为我收到许多人来信，询问有关人生抉择的问题。有关如何选择工作，如何缓解与伴侣之间的紧张关系，如何在职场中与同事相处，如何培养自己的信心，做一个让自己喜欢的人。

从那些信件中，我看见许多过去我也有过的彷徨。抱着分享经验的想法，我试着以朋友的角度写下越来越多的文章。一路写下来，我得到很多读者的反馈与鼓励，之中所产生的共鸣，更是反过来支持着我继续往美好的未来前进，就像我现在也想用这本书来支持你一样。

通过此书，我想告诉你，不要把今天的坏运当作人生的命运，因为坏运通常只是一时的，但你一直被它掌控，那就会是一辈子的。可以肯定的是，只要不被打倒，坏运终究只是个过期品。只要你还在，早晚它会结束；只要继续往前，它就会离你越来越远。最终，生活会留下更美好的事，等着你去追寻。

就像那天发生在我身上的意外一样，命运给了我一道难解的问题，却也给了我一把开启美好人生的钥匙。至于我发生的事情，请让我从当天一早开始说起……

目录 CONTRNTS

谈自信 愿你成为自己喜欢的样子

一切，都会好起来的 02
学会给自己最温暖的支持，而不是忘了对自己好。因为人生很多的不开心，都是从你放任别人消耗自己开始的。

不要费尽所有力气，却成为自己讨厌的人 09
人的精力有限，那些重要的事，那些值得去爱的人，才是我们在这个世界上最该付出精力的。

你变好了，你的世界就会跟着变好 13
学会照顾自己，因为过得好，是给自己最大的礼物。

担心表示你在乎，但别因此承受太过沉重的负担 19
有时候，我们的心会突然变得很小，小到只被一件坏事给塞满，结果自己走不出去，别人也拉不出来。但记住，唯有把坏事先清出去，好事才会走进来。

先喜欢自己，才会有喜欢的生活 24
趁着还有力气，请把喜欢的自己记在心里，想笑就笑，想哭就哭，想去哪儿就去哪儿，想握住什么就不要轻易放弃。

拿出勇气不合群，至少你会喜欢自己 28
生活会有很多不得已，但不代表未来就只能如此。想要未来变好，记得要从现在开始。

你的坚持，不应该用在证明给别人看上 32
你可以凭着一股傻劲儿去突破困难，奋力挑战别人认为的不可能。然而，可不要因为坚持太久，最后自己反而真傻了。

别讨好了别人，却讨厌了自己 37
不是你太脆弱，而是心里塞进太多的沉重。学习勇敢割舍一些过去，因为再坚强的心，也需要空间去喘息。

要相信自己，因为未来的你会比想象中还好 42

之所以会担心、恐惧，并不是因为前方的路太难走，而是因为你忘了自己有重新开始的能力。不论是哭或笑，都要想办法站起来。相信自己，未来一定会变成想要的样子。

谈人生　我们都在跌跌撞撞中学会如何选择前方的道路

找不到喜欢的工作，但一定能找到喜欢的生活 50

你才是心情的主人，别人说的话、他人的想法都只是参考。最终的影响是正面还是负面的，完全由自己决定。

如果这条路走不下去，那就换条路 55

别因为不舍，而紧抓着该放手的事。没什么困难是过不去的，只要愿意努力，所有发生的事，对你都是最好的安排。

没什么好比的，每个人都不一样，都是唯一 62

你活着不是为了取悦这个世界，成为更好的自己，才是你要在乎的事。

人生没有太晚的开始，只有提早的结束 66

安逸是好事，但若发生在老了以后会更好。你现在应该咬紧牙关，接受挑战，然后期待成功的奖赏。

别为了活着而失去梦想，要为梦想而努力活着 72

真正的困境不是来自环境，而是来自心境。走出去，你一定会遇见更好的自己。

现在不尝试，也许就再也没机会了 77

人生最大的考验，不是遭遇失败，而是如何对抗失败；人生最漫长的，不是遭遇艰难，而是如何走过煎熬。勇于尝试，你会发现事情原比想象的要简单。

人生长短不是看你活多久，而是看你如何去活 81

趁还有好奇心时，去看看未曾见过的世界；趁还有勇气时，去实现梦寐以求的梦想；趁还有梦想时，尽力活出最美好的自己。

常想年老，才会活得更年轻 87

人会老，不是因为年龄变老，而是因为再也提不起劲头，去做年轻时想做的事。

谈成长 前进，是为了变得更好

别花上一辈子的时间，重复过着同一天的生活 96

并非事情要有结果才值得去做，能坚持走在自己喜欢的路上就是一种成功。

你以为的困难，正是让你迈向成功的摩擦力 101

生活既能让人变得更糟，也能让人变得更好。不要放弃成为更好的自己，一定要跟未来的你这样约定。

安于现况，很快就会被遗忘 106

如果你经常为相同的事情困扰，你要期待的不是有一天那些事会改变，而是期待有一天自己有能力选择离开。

年轻时多吃苦，未来就不再怕苦 111

宁可现在多加努力，看着日子渐渐变好，也不要未来被迫努力，却仍然烦恼日子何时才能变好。

专心地活着，你的冠军目标是什么？ 115

只要确定自己想去的地方，接下来的努力就都是累积。

别羡慕他人薪水高，先看自己究竟妥协了什么 119

你绝对值得过更好的人生，但问题在于，你是否用心去争取过。

不是你太晚开始，而是你从不开始 124

人生可以有无限种选择，造就无限种可能。只是如果你从不开始，那些选择与可能，都不会出现在你的生命里。

现在有多任性,未来就可以有多成功　129

成长就是这样,总是要撞到什么,才会知道有多痛;经常在累了之后,才知道为了什么而前行。

谈坚持　你的努力,正在帮你收集幸运

你的努力,正在帮你收集幸运　136

坚持把事情做好,日后总会得到回报。而你现在体会到的,都将在那一刻证明,过去的努力有多值得。

别光学一个人有多成功,却忘了学他有多努力　143

我们都是以这样的方式成长,原本以为自己牺牲了什么。后来才知道,这是达成人生目标的必经之路。

没有天赋又如何? 没有努力根本不会有天赋　150

无论生活或工作,我们都要先放弃眼前的舒适安逸,才能在将来拥有更舒服安逸的日子。

改变靠的不是瞬间,是时间　156

每一点进步都是一种成功,只要不放弃想要变好的初心,时间一久,人生就会充满更多美好的事情。

就算是微不足道的小事,用心去做也能成大事　162

方向是对的,就不需担心何时才能走到。别害怕无法达成目标,只要你能做好小事,一定能做好每一件事。

人生很长,但没有长到可以浪费青春　166

不要勉强自己接受不喜欢的生活,你的青春不应该这样耗费。只要愿意给自己机会,你会发现,走出去,外面还有更广阔的天空。

有一天你会跟自己说:好在当时的我那么努力　173

人会倦怠,但其实这是一种考验,考验你是不是已经准备好拥有更多,是不是已经准备好拥有一个更棒的未来。

谈相处 那些藏在人与人之间的微妙

别只关心忽略你的人,却忽略一直关心你的人 180
不要无止境地消耗那份关心的额度,因为当额度见底时,很有可能连再见都听不到。

懂得倾听,是为了更贴近彼此的心 185
"你在听我说话吗?"这句话不是真的想知道对方是否听见,而是想确认彼此的心是否相连。

吵架时,一定要先放过自己 189
我们都要尽早学会珍惜身边支持你的人,而不是在痛过之后,才知道自己在乎的是什么。

美好人生不是计较出来的,而是计划出来的 193
觉得谁比谁好,计较谁应该比谁拥有更多,其实都是因过于担心而产生的精神匮乏。与其烦恼现在缺少的,不如计划实现真正想要的。

朋友,新的会来,旧的也不会真的离去 197
真正的朋友就是那些在你好与不好时,都愿意陪在你身边的人。

懂你的人,不用多说;不懂你的,多说无益 201
在成人的世界里,不是每句话都能被接受。学会看透却不说透,并非选择不出声,而是把话留在心里,把事实留给时间。

别让他人的一句话,夺走你一天的好心情 205
别因为一句批评就难过一整天,否则人生大半辈子,很可能要在烦恼中度过。

只有你能决定自己的内心有多平静 209
无论你成为什么样的人,都会有人希望你不要变成那样。学会做喜欢的自己,因为你值得那样开心地生活。

谈自信

CHAPTER 1

愿你成为自己喜欢的样子

一切,都会好起来的

艾·语录

累的时候就休息,
烦恼的时候就读本书,
慌张的时候就深呼吸,
难过的时候就拍拍自己说:"这一切都会过去的。"
我们常常忘了,其实应该给自己最温暖的支持。
不要忽略自己的重要性,
人生很多的不开心,
都是从你放任别人消耗自己开始的。

  我的右眼曾患过复视，而且随时可能复发。如果你不曾听过复视，可以把它想象成非常严重的散光，眼前每个物体都会有两个影像，一个是实体，另一个则是残影。令人困扰的是，残影又相当明显，等于我的世界变成一个万花筒，眼前的影像都混在一起。

  形成复视的原因之一是脑神经麻痹，少了那条神经的牵引，我右眼的肌肉也失去了力量，导致双眼对焦出现问题。不过，这个名词是我凭着当时医生口述而记住的，至今我仍然不愿深入了解它在医学上的真正名称，原因是那天的回忆过于沉重，令人不想面对。

  那是我离开职场的前一年，那天我早起准备赶到公司，凭借着惯性本能地走进浴室洗漱，接着就拎着电脑包下楼。下楼梯时，我只觉得当天特别疲惫，视线好像比平时模糊，当时只觉得是工作疲劳所致，也就没想太多，直到我骑上摩托车、转

04 | 别让现在的坏事赶走未来的好事

到对向车道准备踩油门时,才发现眼前的世界跟我记忆中的已不相同。

原本应该是一条的道路中央分隔线变成两条;楼下的便利商店招牌也变成两个,前方影像虚虚实实、互相交叠。我还没回过神来,一辆行进中的车子就直接往我这边冲过来!又在快撞到我时像幻影般穿透了我。好在,它也只是一辆汽车的残影。

那一瞬间我吓出冷汗,先是呆住,接着惊醒,心里纳闷:"我的世界怎么变了个样?"惶恐之余,只好赶紧折返,准备跟主

一切,
都会慢慢好起来的。

管请假去检查。不过因为眼前的事物都已混在一起，所以只能小心翼翼地推着摩托车走回住处，然后再到附近诊所问个清楚。

"应该只是太累了吧？休息一下就好了。"前往门诊的路上我不断地安慰自己。小时候，妈妈常警告我电视开得太久会烧掉，所以我想这应该也只是最近工作太累，眼睛在烧掉之前给我的警示。

抵达诊所前，我都还不确定是我的眼睛出了问题，直到医生看了我的情况。

"嗯，你这应该是复视，是右眼的问题。不过为了确定病因，我把你转诊到医院去，这样如果需要做脑部检查也会比较方便。"

"转诊？脑部检查？"一股不曾有过的焦虑感从我的心底扩散开来。因为整件事来得太突然，当时我只是惊慌地附和医生，而没有询问更多细节。现在回想起来，也可能是因为当时怕知道太多细节，所以不敢开口问。

转诊到医院后，不同的医生用着相同的方法检查我两眼的功能，得到的答案都是右眼眼球无法向右看到底。诊断结果确定是复视，确定我右眼失去正常功能。更让我难过的是，医生无法确定致病的原因，而且因为是突发性复视，医生也只是给我开了点消炎药跟维生素。

不放心，也可能是不死心，没过几天我又跑到最大型的医院去检查，并做了脑部断层扫描，但仍然无法查出造成复视的原因。医生告诉我，以经验来说，需要再等6个月才能进一步诊察，如果6个月后还是有复视的现象，那我就要做好一辈子都会这样的打算。

一辈子都会这样，老天呀，我当时才28岁。

很多时候，当你知道最坏的情况时，还可以有个心理准备，但如果事情的结果悬而未决，心中反而不知道该怎么办。而我当时的情况正是如此，不知道我的右眼何时会好，或者是根本不会好。

跟公司请完长假后，我开始在家过着每天都重复的生活。一早睡醒睁开眼睛，先确认我的世界是否恢复正常，接着就躺在床上打开电视，希望吵闹的电视声能盖过内心的焦虑。虽然我试图说服自己相信，这种情况就像是一场感冒，再过几天就会痊愈，然而随着日子一天天过去，眼前的事物依旧混在一起，我开始担心自己是不是一辈子真的就只能这样。

那阵子我每天都活在恐惧之中，还一度抗拒那样的世界，甚至闪过放弃自己的念头。我心想："如果接下来的人生只能这样，那我就安静地当个被遗忘的人吧。"

也许那时生活真的太闷，以至于我觉得生活太无聊了。再加上白天没做什么消耗精力的活动，所以每天夜晚，我总是难以入睡。于是我当时做了一件现在想起来都有点佩服的事：我开始重新选择"过活"，我用一块布斜绕在额头上，试着将自己的右眼遮住，然后拿起书来阅读。

如今回想起来，好在当时我的左眼还能正常看东西。

此外，我不再只是消极地躺在床上，而是每天下午在房间做伸展操或其他运动，需要用餐时就照常外出。简而言之，我开始假装一切都没事，就当是公司放假，难得在家休息一段时间。差别只在于行动速度变慢而已，反正我在家有的是时间。重要的是，我选择减少焦虑，开始跟自己说："一切都会好起来的。"

虽然理性告诉我，右眼在生理上并不会因为自我安慰就恢复健康，但是，当我勇敢地跟自己说一切都会变好时，心里突然变得平静许多，我开始注意周遭那些能让自己开心的事情。我渐渐相信，即使我的行动和生活习惯跟以前不同，我仍可以决定自己每天的心情。我可以选择开心地过一天，用期待的心情上床入睡，而不是带着恐惧入眠。

就是从那天开始，我尽量让自己正常地生活，早上起来还是会确认右眼的恢复情况，但我不再用"毫无进展"的负面心态开启我的一天。我相信，只要我愿意让自己好起来，我就真的会好起来。除了继续阅读与运动，我还尝试上网去了解跟复视相关的信息，也因此找到了越来越多的应对方法。

"原来复视是可以通过镜片矫正的！"

"就像斜视可以通过手术治疗一样，复视经过治疗也有可能恢复正常。"

因为我采取了更多的行动，我心中原先设想的最坏情况开始变得乐观。当我得知可以不做手术，只通过佩戴特殊镜片就有机会矫正视力时，我心中的迷茫开始消散了。随着焦虑感越来越少，我也重新找回对未来的期待。

这是我人生中很重要的一段经历。虽然一个月后，我的右眼功能又恢复正常，我的世界重新回到熟悉的样子；但不同的是，我开始相信自我鼓励的力量。直到现在，只要我遇到难以克服的困难，这段人生经验都能帮我重获动力。

人都会有低潮，天底下最为确定的事，就是这个世界无法让你随心所欲。低潮，也许是为某件不应该失败的事而沮丧，为某人的离去而伤心，为某人在背后说的坏话而痛苦，为某个你觉得无法克服的困难而难过。这些都有可能会发生，但关键在于你有没有跟自己说："**一切都会好起来的**。"

相信自己，一直是人最大的力量来源。当你相信自己会变好，一切就真的开始变好。很多时候，我们确实需要别人的安慰与帮助，但更多时候，你需要的是学会照顾好自己，然后站起来，继续前进。

或许，前方还是有很多难以克服的困难，但你要知道，只要愿意给自己力量，这一切，都会好起来的。

不要费尽所有力气，
却成为自己讨厌的人

艾·语录

别花时间去喜欢讨厌你的人，
他们不会因为你的努力，就停止消耗你；
却会因为你的难过，增加他们所施的力。
希望你能明白，人一生所能付出的精力是有限的，
那些重要的事，那些应该去爱的人，那些等着完成的梦想，
才是我们在这世界上最值得付出精力的。

用心听自己的声音，
别让只想打击你的人来告诉你该怎么前进。
记下每一次成长的感受，享受每一次突然的感动，
好好爱自己，然后朝着会让你变得更好的方向，
勇敢前进。

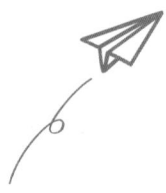

过去,我总是认为只要用心,每个人都可以成为自己想要成为的样子;内向的人只要多跟外向的人相处,个性也可以变得很开朗;消极悲观的人多和积极乐观的人在一起,心态也会变得更积极。

只是,**有时强迫自己去像一个人,反而让自己什么都不像**。

后来我才体会到,所谓的乐观与悲观,好或不好,都是比较出来的结果。日子过得快不快乐,其实只有自己才知道。乐观的人也有悲观的时候,只是他们习惯用快乐的表象来掩盖内心;悲观的人也没有哪里不好,去看看乐观的人有多少次拿石头砸自己的脚就知道。我想,不论乐观还是悲观,人都要学会发现自己的优点,学会在跌倒时用舒服的方式爬起来,这样才能带给自己更多前进的力量。

多数时候,如果你强迫自己去成为不熟悉的人,结果往往会事与愿违。性格内向的人,在强迫自己表现得外向后,往往会变得不开心；思想保守的人，在尽力往脑子里塞进乐观思维后，反而会产生更多烦恼。此时，**与其改变原本的自己，倒不如认识真实的自己，接纳自身的个性，倾听自己的声音**。每个人身上都有优点和缺点，不需要把缺点放得特别大，也不应该把优点看得太渺小。试着喜欢自己现在的个性，以从容自在的心态度过人生，这样才会比较开心。

身处不同的环境，与不同的人相处，自然会选择不同的方式去应对。与同学或朋友聚会时个性张扬，在上班开会时却谨小慎微；在父母面前我们当惯了任性的孩子，在社会中却要做顶天立地的大人。这并不是虚假，想以变色龙的姿态博取旁人的信任，一切只是习惯而已，不同的时光酿出不一样的经验，不一样的经验造就不同的个性。只要不是刻意伪装去欺骗别人，以适合的面貌活在不同环境里是很正常的事。

有时，我们难免会用不习惯的面貌去迎合这个世界，以不自在的方式努力生活，但千万不要因此而变成自己也讨厌的人。人一生会遇到各式各样的人。既会遇到想要与你相处久一点的人，也会遇到处处想要挑衅你的人。有些人会为你带来更多的快乐，有些人则会带给你更多的困扰。你可以尽力在别人面前做到最好，但绝不要认为你有办法迎合每一个人。

若只是因为在意别人的想法而去改变自己，那你注定无法感到开心。因为如果成功取悦对方，你就要永远带着那幅面具和对方相处，某天想要做回自己时，还可能被说成是自私；如果没能取悦对方，你就会陷入自我否定的陷阱，责备自己是不是哪里没做好，并会因对方的冷漠而更加伤心。

不要费尽心力地改变自己，到头来却成为自己也讨厌的人。改变需要费一番心力，但那不是为了取信于某个人，也不是为了讨别人的欢心，更不是为了让别人看得起你，一切都应该是为了你自己。努力去成为自己想要成为的人，你才会喜欢周围的一切，然后开心活在美好的当下，由衷期待更好的明天。

你变好了，
你的世界就会跟着变好

艾·语录

学会照顾自己，因为过得好，是给自己最大的礼物。
有时间就多运动，
毕竟失去身体的控制权，你什么都不能做。
有空闲就多阅读，
这个世界很美好，但需要你通过独立思考去认识它。
遇见人就多微笑，
你有能力给别人力量，更可以为自己带来好心情。

也许这些事并非转眼间就能办到，因此才需要多练习；
练习把明天变成更好的今天，
练习把未来的自己，
变成你也欣赏的自己。

　　我有个朋友，个性算是中规中矩，学生时期功课不错，进入社会后也找到了一份能稳定发展的工作，优秀的专业表现更是让他成为主管眼中值得期待的员工，但他内心一直有个烦恼：从来没有谈过正式的恋爱。并非不想谈，而是没得谈。

　　不能说他木讷，因为在跟男性朋友聚会时，他虽然不是全场最幽默的人，但偶尔说个笑话也可以让大家捧腹大笑。可每当现场有女性朋友或是跟女生私下独处时，他说话的内容与声调就变得不一样了，看上去简直与平时判若两人。

　　或许是因为紧张，他和女生相处时总是找不到话题。

　　"家里只有妈妈是女性，而且读的学校不是男女分班，就是男生占九成的工科学校。"朋友略感无奈地说。

　　因为一跟女生讲话就会感到紧张，所以他从小到大虽然陆续认识过几个女生，却没一个能牵手成功的，与她们约会的纪录最长也就一个星期。大学时期，为了追求别校的一位女生，他每隔几天就要骑上三小时的摩托车，只是为了接送她去学校附近的补习班，然后自己再半夜独自吹着冷风回到住处。但即使这样，他还是没能成功。有一天他接到女生的来电，说以后不用载她了，因为她男朋友可以载她去。参加工作后，他为了给心仪的女同事留下好印象，甘愿在主管面前承担不属于自己的过错，只为了证明他是个可以依靠的男生，可最后只是收获了几次下午茶而已。渐渐地，他的心态发生了扭曲，只要有一点点的交往机会，他什么都可以做。由于他表现得太过积极，反而吓到人家，因此一直没有好结果。

不过这都是几年前的故事了。最近一次见到这位朋友，才发现他已经不再是我印象中的那个人了。如今的他即将与女友步入婚姻的殿堂，而且听说对方还曾经担心他被其他女生抢走，因为爱慕他的人实在很多了。

短短几年，他仿佛脱胎换骨一般，与过去判若两人。我明显地感觉到他变得更加自信了。聊天时，他的话题变多了，不再只是分享公司与网络上看到的趣事。他滔滔不绝地讲述着自己的经历：这几年去了哪几个国家玩，培养了哪些兴趣和爱好。我通过和他聊天得知，这几年来，他定期去健身房运动，经常报名参加慢跑团或自行车聚会，生活过得十分充实。

看着他开心的样子，我不由得好奇起来，是什么让他变得如此不同。

"以前呀，我以为只要对别人好，迟早会出现欣赏我的女生，只是后来一直没有结果，就渐渐地放弃了这种想法。后来我把生活重心放在自己身上，开始看书、运动，并到处旅游，品尝各地美食。闲聊时，我就把旅游中有趣的经历分享出来，因为是亲身体验，所以聊得很起劲，大家也很乐意听我说。慢慢地我就发现，原来自己也可以成为风趣的人。"记得当时他这样跟我说。

也就是在那一刻，我听出了答案，而且这个答案是如此简单。原来我的朋友只是改变了自己的生活重心，他先让自己变得更好，结果他周围的世界也跟着变得美好。

我还有个朋友，他是属于那种常把人生开关调到"上进模式"的人。刚认识他时，他就常把"改变"两个字挂在嘴边，时常跟我分享看过哪些书，参加过哪些课程，学到了哪些调整心态的理论。他总是充满活力地与人分享各种心得。

可惜的是，每次的结果几乎都一样。过一阵子，我就会看到他重新抱怨工作以及生活中遇到的诸多琐事。他的热情就像一颗原本饱满的气球，即使挂着不碰，过一阵子也会慢慢泄气。

我常纳闷地想："前阵子不是还满怀热情地跟我分享心得吗？怎么又退回到原本的样子了？"

后来才知道，原来他真的在积极地追求进步，也付出了不少努力，只是不知怎的，每次行动到一半就没有了力气。如果这时刚好有人推荐什么新的学习方法或演讲课程，他就会一头扎进去疯狂学习，嚷着这次会不一样，然后再抱着同样的迷惘走出来。说实话，我很佩服他坚持的精神，但也很惋惜他的坚持没有发挥出更好的效果。

跟开头那位朋友一样，我的这位朋友也想变得更好，也想生活过得更幸福，但两人最大的差别莫过于，他一直在追求的那个好，其实是别人跟他说的好，而不是自己想要的好。他花了时间与金钱到处学习别人如何成功，却忘了花时间学习一件事情，那就是问问自己，到底想要的是什么。

我们都知道，不管穿什么鞋，合脚才是关键；不管穿什么裤子，舒服才是重点。虽然道理简单，可是人生还是容易划错重点，误以为表面的东西才是自己想要的，接着匆匆跳进追求的旋涡，打算用青春证明选择。

然后，几个月过去了，你开始发现有些事跟你想得不一样。然后，几年又过去了，你发现还是活在同样的纠结里。

其实，不论处在哪个人生阶段，我们都有机会改变自己，追寻自己喜欢的那种生活。也许过程需要花费时间，结果需要勇气承担，但很快你也会看到成长后的自己，带着努力，展开新的生活。

你有多好，自己一定知道，但你必须要用心把那个更好的自己激发出来。倾听自己的声音，多去接触那些让自己感受到快乐的事，通过不同的视野来挖掘内心，而不是去追求别人认为你应该的样子。

你有能力让自己变得更好，不过要先确定自己也会喜欢那样的好，你的世界才会渐渐充满让你开心的事。别轻易地被现实淹没，你的信心仍保存在身体里，只要你不是为别人努力，而是真心为自己的未来拼搏，那么当下的一切，都将是你转变的起点。

担心表示你在乎，
但别因此承受太过沉重的负担

艾·语录

有时候，我们的心会突然变得很小，
小到只被一件坏事给塞满，
结果自己走不出去，别人也拉不出来。

如果现在你刚好有一件堵心的事，
希望这句话能带给你更多的勇气：
别让现在的坏事，赶走了未来的好事。

人生就是如此，虽然会觉得经常遇到坏事，
但其实总会有件好事在某处等着。
直到你把坏事清出去，
好事才可能走进来。

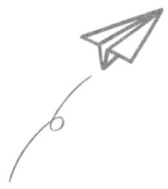

如同天使与魔鬼,希望与担心经常是如影随形的朋友。

我们希望拥有更好的生活,却又担心失去现在稳定的生活;我们希望能做自己喜欢的工作,却又担心那份工作收入不够;我们希望跟别人有进一步的关系,却又担心太过主动会吓跑对方。也许现在你的心中就有一件事正在让你担心,毕竟我们都很像,经常不自觉地就把担心带在身边、挂在心上,变成一种负担。

初中时,我非常迷恋打篮球,总是希望可以在球场上表现得更好。对于一个初中生来说,如果能在篮球场上称霸,那你就是全校的偶像,同学都会争相邀你组队,人缘好得不得了。那时,我经常利用放学时间跑到我家附近的球场练习投球,一练就是两个小时,而且一点也不感到累,常常练到附近的居民开始抗议了才回家。然而,即使当时我比周围多数的朋友高,在场上有天生的优势,可是我却对自己的运动能力完全没自信,很希望自己能够跳得再高一点，跑得再快一些。

为了实现愿望，我跑到体育用品店去请教老板，心想卖体育用品的人应该懂得训练方法。老板拍着胸脯向我保证，他可不是为了赚钱才向我推销商品的。于是我买了一对负重带，重点是它很便宜，我可以负担得起。

那是一对深蓝色的针织布带子，可以绕在脚踝周围。带子上有许多长条形的口袋，只要在里面放进铁块，就可以增加行走时的负重。离开前，老板很有信心地告诉我，只要在两只脚上绑上这个，过一个月再拿下来，就会发现跑得又快、跳得又高，腿部肌肉的爆发力会明显增强。听完后，我兴奋地把这个神秘武器带回家，满心期待着自己变成"飞人"的那一天。

就这样，我开始绑着两条重重的带子生活。而且，为了一个月后让同学们对我突飞猛进的运动能力感到惊讶，我刻意将负重带掩藏起来，没有人知道我在训练脚力和弹跳力。只不过一个月后，当我取下带子打球时，好像也没人对我的运动能力感到惊讶。

我很伤心，不只是因为浪费了零用钱，更重要的是，这一个月来，我每天绑着负重带，粗糙的内里不断摩擦我的脚踝，每次洗澡都会特别痛，结果竟然是白受了苦。

刚绑上带子没几天，脚踝处的皮肤就已经磨得红红的，不过为了确保效果，我就忍受着没把它拿下来。我曾打算在脚踝处绑一条毛巾来隔开带子，不过那样看上去鼓鼓的，校裤根本遮不住。在面子与痛苦之间，我当然选择顾面子啦！毕竟年轻嘛。

随着一天天过去，沉重的带子让我感觉回家的路越来越远，每次从公交站走回家都有些痛苦，最后几天甚至磨出血来。不过当我拿掉负重带后，整个人如释重负，脚步也因为心情的好转而变得轻快了许多。虽然我的脚力与弹跳力并没有如老板保证的那样突飞猛进，不过由于脚踝不用再承受带子的摩擦，我的心情好了很多。

担心，就像人生的小偷。对于刚鼓起勇气准备突破自我的人来说，担心更是巨大的敌人。就像我绑上负重带的经历一样，当你在自己身上绑了过重或不适合的东西，时间一久，便会对自己造成伤害，让你的脚步变得沉重，让你开始忘掉自己的快乐，偷走原本属于你的时间。

夜晚担心隔天的事，好好睡一觉的机会就不见了；早上担心晚上的事，一整天的工作劲头就不见了；出游担心家里的事，原本要放松的旅程就不见了；相爱担心背叛的事，牵手一辈子的幸福就不见了；现在担心还没发生的事，很快，好几年的时间就不见了。

美国康奈尔大学教授卡尔·皮勒摩（Karl Pillemer）曾发起一项实验，调查超过1500位65岁以上的人，问他们在人生中学到的最宝贵经验是什么。起初，研究人员预期会得到许多重量级的人生道理，比如经营事业的心态、人生该朝什么样的方向努力等，然而研究人员一再重复听到的经验却是，不要花太多的时间去担心生活中的某件事，不要让无谓的忧虑绑架了快乐。

是啊，我们都要学会不让忧虑去占领生活，因为那只会带来更多的空虚。如果你现在正好有一件烦心事，那就鼓起勇气去面对它，付出行动去处理它，不然就放下它。将它悬在心中，只会让时间一点一滴流逝，让焦虑一点一滴膨胀。

想在希望与担心之间取得平衡的确不易，但很多时候你只是看轻了自己的价值，缺少勇气去相信自己。别让自己停留在不知所措的阶段，如果那真是你想要的，就付出努力去达成。**因为比起拼尽全力后的失败，真正会让人从担心变成遗憾的，是当初因为恐惧而没有选择做更好的自己。**

把心拉回来，专注在对自己有益、对事情有帮助的地方。虽然保持乐观并不能立即解决问题，但至少你会知道怎么变好，以及如何重新出发。

先喜欢自己,才会有喜欢的生活

艾·语录

面具戴久了最怕拿不下来,批评听多了最怕走不出去,
这个世界常迫使我们变得不像自己,
令人难过的是,有一天想找回过去,
却已忘了原来的自己。

所以,趁着还有力气时,
我们都该把喜欢的自己记在心里,
想笑就笑,想哭就哭,想去哪儿就去哪儿,
想握住什么就不要轻易放弃。

不要忘了,别人的眼光无法决定你是什么样的人,
试着勇敢地做自己,然后成为快乐的你。

  有时候因为生活过于忙碌,我们已无力再去探索自己的内心,发掘自己真正想做的事。于是,不知不觉中,我们就受到外界的摆布,任由他人决定自己想要的东西。看到电视中播放的商品广告,就马上产生想买的冲动;看到国外引进的流行商品,赶紧上网查询国内是否可以买到。渐渐地,我们开始把自己的好恶,交给他人来决定。

  喜欢与讨厌的情绪原本应该是自然发生的。比如我从小就喜欢喝绿豆汤,每到夏天,我家的冰箱里总是备有一锅绿豆汤,放学或打球回来,我就会盛一碗来喝;吃刨冰时我也喜欢加绿豆。我一直觉得只要是含绿豆的食品我都喜欢,直到有一天,我喝没加糖的绿豆汤时差点喷出来。从那天开始,我几乎没再喝过无糖的绿豆汤,而加糖的绿豆汤至今仍然是我的最爱。

  喜欢与不喜欢就是如此,只要亲自去接触、品尝、感受、体验就会知道,不需要别人来教我们。可是为何今天我们总是习惯让别人来告诉自己,应该喜欢什么样的东西,应该去过什么样的生活呢？我们不再是去买自己喜欢的东西，而是去买广告希望我们买的东西；不再是去做自己想做的事情，而是去做他人想要我们做的事情。

也许，我们都太在乎别人的目光，以至于忘了自己的看法。

生活越是忙碌，社交越是频繁，人们越有可能感到空虚，所以才会有那么多人忙着活出别人喜爱的样子，生怕一个不小心，就成为令人讨厌的人，生怕某天成为别人口中纷纷议论的对象。

只是，虽然对物品的喜爱可以找到理由，但是一个人喜欢或讨厌另一个人经常是没有理由的，不只是自己对别人如此，别人对你也是如此。并不是你今天心怀善意跟人来往，别人就会用同样的善意回应。**毕竟，没有人可以永远满足另一个人的需求，因为满足并不是单向的，若是对方始终不在乎，你每一次的取悦都只会让自己受伤。**

别只顾着讨好别人，要多想想如何关心自己。你不需要让每个人都满意，也可以安然地活在这个世上。也许交到的朋友会变少，但至少都会真心对待你；也许不认同你的人会变多，但至少你不用费尽力气还得不到应有的回应。珍惜自己的一切，别担心你会因此而受人排挤，**你的价值不由别人来决定，如果太在意讨厌你的人的看法，渐渐地你也会讨厌那样的自己。**

喜欢自己，也意味着你要有勇气把不喜欢的东西从身上剔除。因为大多时候我们都疏于自我省察，于是分不清楚挂在心上的事情哪些是真的喜欢，哪些又是假装喜欢。你要先把不喜欢的东西丢掉，才会有力气去追寻更喜欢的生活。把不喜欢的东西从身上拿走，也等于是跟过去讨厌的自己分手，跟未来更好的自己相逢。

永远把自己摆在照顾名单的第一位，唯有当你喜欢自己，你才会喜欢这个世界，你的周围才会出现志同道合的朋友。这些人不需要你刻意假装，不用你处处迎合，因为他们关心的是真正的你。

拿出勇气不合群，
至少你会喜欢自己

艾·语录

如果不想一辈子过别人设计好的人生，
那就用心经营好现在的人生。
这个世界有很多的不得已，但不代表未来就只能如此。
现在发生在周围的每件事，很少是突然之间就形成的，
如果想要未来变得更好，那就要从现在开始。

学习如何开心地生活，
让自己每天进步一点，也让自己每天快乐一些。
只要肯用心生活，有朝一日就会发现，
你已经在过自己想要的人生。

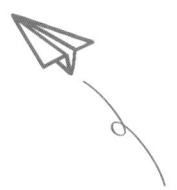

不合群,这三个字包含了太大的压力。但我想告诉你,别因为不敢拒绝而选择合群,更别因为害怕寂寞而选择盲从。

学生时代,我们宿舍的同学常常相约去吃夜宵。你知道的,晚上总是特别容易饿,年轻的我们又不需担心睡前吃东西会长胖,吃饱反而睡得更好,所以很难拒绝同学的怂恿和邀约。只是,应邀吃夜宵也代表着,你会突然花掉一些钱!偶尔多花一次钱还过得去,但若是一个月频繁超支,那就要看你的荷包够不够重了。坦白来说,很多时候我都不饿,我跟舍友们一起去吃夜宵在很大程度上是因为一个原因:如果宿舍一群人去吃夜宵,你却不去吃,那可就不合群了!

正所谓在家靠父母,出门靠朋友。如果一场消夜可以换一世朋友,那么跟同学吃夜宵就是一种人脉投资,好像不应该计较合不合群这种鸡毛蒜皮的想法。好吧,那就让我再分享一个不合群的故事,一件攸关生涯出路的事。

准备研究生考试那年,学习的时间十分宝贵。当时我需要坐公交车去补习班上课，晚上再坐公交车回到宿舍，因为是主要路线，所以回程的乘客也大都是补习班的同学。换句话说，车上载满了考研究生的人，认识的叫战友，不认识的叫对手。

上完课总是很累，所以大家在回程时都想放松一下，一起吃点零食、喝点饮料、聊聊天很正常。然而，每次只要一上车，我都会拿出耳机，按下古典音乐的播放键，边听边复习当天的课程，没有一天例外。

你想象一下：一群人在车上喝着饮料，吃着零食，讨论着好笑的事情；却有一个人静静地低头坐着，头戴耳机，手拿笔记，面无表情。这是个多么不协调的画面啊！

没错！那个时候我相当不合群。结果我考试的成绩也很不合群，比多数人都好。如果这就是不合群的代价，我觉得一点儿也不昂贵。

乍看之下，我是在否定"合群"这件事，其实并不是。合群可是现代人生存的一大法宝，是面对生活压力时做出的不得已的选择。只不过，太多人把合群这件事看得太重，重到失去自己宝贵的声音。

人生中的每一天，我们几乎都会站在选择的十字路口。小至要不要结伴购物，要不要下班后一起去吃点什么；大至该不该拒绝不属于你的工作，该不该在会议中举起手表达你的反对意见。这些都是选择。你当然可以选择随波逐流，成为众人眼中的合群者。但你也应该知道，天底下没有一件事不需要付出代价，而那个代价可能就是你牺牲掉自己的金钱、时间、权利，或是增加更多不必要的工作，而且功劳还被别人领走。

有人说，想不在意别人异样的目光真的很难。

有人说，想要选择不跟着大伙走，但担心受到排挤。

有人说，想要勇敢地对别人说不，但心里会有愧疚。

这些都是不好应付的问题，但也没有困难到让你无视自己的声音。何况选择合群或不合群，都可能是种折腾，那么何不为自己而折腾呢？**毕竟很多人都在做的事，不代表就是正确的；你选择做跟别人不一样的事，也不代表你就是浪费时间。想要与众不同，并不代表你这个人就有错。**

我要强调的是，你不必非要特立独行、力排众议才行，我只希望你勇敢选择内心想做的决定。如果非要加入一个圈子，那最好是你自己想要的圈子。你可以跟着大家走，但那必须是你自愿且计划过的。你也可以选择跟随，但希望你知道正在往哪里去，而不是盲从。

你或许听过，成功的人总是只占两成，因为他们做了另外八成人办不到的事。但真相是，并非他们做出什么不一样的事，而是他们一直在努力完成自己想做的事，坚持自己心中的梦想，实现自己想要的人生。

这一切，都来自他们选择聆听自己的声音，即使需要跟别人有所不同。

你的坚持，
不应该用在证明给别人看上

艾·语录

你可以像傻瓜那样凭着一股傻劲去突破困难，
奋力挑战别人认为的不可能。
然而，可不要因为坚持太久，
最后自己反而真傻了。

坚持与固执听起来很像，却在本质上完全不同。

我曾在一段感情中执拗地等待对方回头，后来才知道我只是固执地不想承认自己已失去那段感情。我只想证明我是个值得依赖的人，却忘了当初接受那段感情的初衷。

交往快一年时，我发现那段关系中可能存在第三者；更令人难过的是，我可能就是那个第三者，虽然起初我觉得另一个人才是。我也深信只要我坚持下去，我们的感情就会再次回到最初的样子。所以我努力讨好，用尽一切证明我比自己认为的第三者更值得信赖。然而，爱情一旦落入比较，便不再是爱情。有时，我也不清楚到底自己是在证明什么。

于是，原本的恋爱开始变成眷恋。到后来我已分不清楚自己是放不下那段感情，还是舍不得付出过的努力。我愈是觉得被辜负，愈是想要握紧。直到遍体鳞伤，我才最终醒悟：我不是在坚持一段感情，而只是固执地想讨回自己的过去。

当你坚持一件事情太久，努力的方向就会慢慢偏离，坚持也由此悄悄转变为固执。你开始听不进别人的规劝，转而想要证明自己一定是对的，什么都不及你的付出。然后，你会不顾一切地坚持做同样的事情，却妄想得到不同的结果，到最后让自己越来越忧郁。

想要知道自己在一件事上是否固执，有一个方法：那就是回头寻找初衷。问问自己，现在的你跟当初那个拥有渴望和拼劲的你有什么不同，是否在乎的仍是原先在乎的事，或只是害怕自己是错的，只想跟其他人证明什么。很多时候，纵观一件事情的开始和结束，你会惊讶前后的变化之大，仿佛它已分身为完全不同的两件事。实际上，事情不会变，但做事的人会变。你在做事的过程中变成了什么样子？是否还是当初希望成为的那个人，或者已经变成了自己也不认识的陌生人？

过度执着有时也会招来令人讨厌的事。据说，人越是害怕某件事，那件事情发生的可能性就会越大。好比你特别不喜欢跟某人相处，分组的时候偏偏就跟对方分在一起；你愈是觉得周围的人对自己不友善，就愈容易碰到不友善的人。因为你心里所想的、眼睛所看的都跟那件讨厌的事有关，心中的警报器就会上调到特别灵敏的位置，一旦有风吹草动，就会觉得是自己倒霉。

过度的执着正是如此。你误以为放手代表放弃，生怕因此被别人嘲讽，宁愿继续错也不愿被人说你错，就算身旁的朋友给的是建议，也都被你当成是对自己的否定。陷入固执中的人很难察觉自己有错，不过你应该要静下心来扪心自问，你是否真的因此而变得幸福快乐。

对于值得追寻的事，我们当然要坚持，因为成功的彼岸就是幸福的起点。但对于无法改变的事，请试着学会放弃，因为继续下去只是在为难自己。回想初衷，扪心自问，当初追寻的原因是否还在，或者你只是在向别人证明自己有多努力，已分辨不清心中在乎的事情？

我知道，你都已经努力那么久了，自然不甘心放弃，否则别人会怎么看你？可是从什么时候开始，你认为自己一定要符合所有人的期待才行？觉得不能错过人生中的每次机会？觉得非要扮演好每个角色才是成功？觉得每件工作都要收获最好的成果才有意义？觉得一定要让周围每个人都认同你？

你已经够好了，请大声跟自己说，接下来的努力都是为了让自己更好，而不是为了迎合别人的期待。

你的坚持，不应该用在证明给别人看上。面对困境，我们应该坚强，但不应该逞强。 承认自己有不足的地方，也是在跟未来的你承诺变得更好。我们都不完美，也不需要追求完美，允许自己有成长空间才能开心享受人生。你不可能让每个人都满意，更不可能在强迫自己做了不喜欢的事情后，还成功说服自己那是出于真心。坚持一件事情是为了变成更好的自己，而不是活在别人的期待之下,去追求自己并不喜欢的"完美"。

确实,我们无法决定别人的看法,想要放下原本坚持的事,势必要面对一些人的闲言碎语,或是撑过那段自我否定的心路历程。只是希望你能明白,一辈子相处最久的人一定是自己,当你开心了,你的世界才会开心;只有当你有勇气认同现在的自己,才会有力量认识这个美好的世界。

别讨好了别人，
却讨厌了自己

艾·语录

再怎么耐用的袋子，
装进去太重的东西，也有破掉的时候。

我们的心也是如此。

有时候，不是自己太脆弱，
而是心里塞进太多沉重的东西。
我们都要学会勇敢地割舍过去，
因为再坚强的心，也需要空间去喘息。
有了空间，
才能继续迎接更美好的人生。

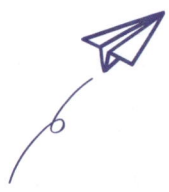

  长大后,慢慢发现自己不可能讨好周围所有的人,因为每个人都有不同的成长背景与价值观。如果你的想法没有跟任何一个人发生冲突,或许也表示你的想法一点儿都不重要。

  并非说讨好的行为很差劲,有时为了生存,为了让自己可以更好地周旋于社交圈中,讨好是你必须要付出的代价。从动物的本能来看,当绝对的优势和劣势产生时,劣势一方自然会想方设法讨好优势一方。

  只是某种行为做久了,就会成为习惯。有时候我们讨好他人,只是下意识地想追求安全舒适的选项,或是不希望失去自己在某人心中的位置,却在不知不觉中失去了更重要的东西——个人的主见、体贴自己的想法,还有自己的声音。这些都可能在讨好他人的过程中变得微弱模糊,以至消失不见。

  要知道,人生就像一个珍贵的盒子,我们都希望将快乐的回忆收藏进去,但是别人也想把他们的建议、看法,或是难听的批评丢进去。他们当然有自己的盒子,但是他希望你的盒子能变得跟他们的一样。

别忘了，满足所有人是不可能的事。很多时候，别人说你做得不好，原因其实并不在你，而在于他们偏颇的想法、恶意的妒忌。就算你表现得足够好，讨厌你的人还是会想办法挑出毛病。因此，不要理会那些不友善的言论，因为打倒你的并不是那些人的声音太大，而是你把它们放在心里太久。再者，当一个人批评另一个人时，通常只会以自己的人生经验为依据，而他的人生并不代表你的人生。

你不需要跟其他人一样。正因为每个人都是独一无二的，所以你才无法满足所有人。找到自己热爱的事情并坚持下去，让周围充满自己喜欢的事，你自然会喜欢自己的生活。就算你真的做错了什么，也不需因此而全盘否定自己的努力。

没有人是完美无缺的，但也没有人是无法进步的，做得好或不好都只是一时的结果，持续努力才是最重要的。只要你不断朝着更好的自己前进，就会发现那些批评的声音离你越来越远。说穿了，大部分批评你的人其实都只是在原地踏步，往前走，你就会远离他们，你的世界也会充满美好的事情。

毕竟，人生这个盒子的空间有限，它需要你时常整理，关心里面的世界；否则塞进太多不喜欢的东西，你打开时也很难开心。

每个人的一生都会经历多个成长阶段，会遇见各式各样的人。有些人会跟你很合得来，有些人会和你没感觉，有些人会暗示你应该加入他们的小团体，有些人会私底下跟你说最好不要靠近某些人，还叫你不要问原因。不论他们的行为和建议是对是错，都要记住，你不需要放弃原本的自己去讨好别人。

在人际交往中大受欢迎当然很好，谁都想得到既广且深的友谊，但如果那是你通过牺牲自己并不断迎合别人才得到的，我想你也开心不起来。因为再怎么受到别人喜爱，都不及你喜欢自己重要。况且，若一段关系是通过勉强得来的，很难说对方是真心喜欢你，还是只是看上你的顺从和配合。无论是朋友间的友谊，还是情侣间的感情，都不应该源自一方的逢迎讨好，而应该来自双方的相互欣赏。只有互相看到对方的好，关系才会长久。

有舍，才有得。坚持过喜欢的生活需要勇气，适时拒绝讨好别人从来不是件容易的事，但你也会因此看见别人看不到的人生风景。最终你会发现，只有以自己最喜欢的样子活着，留在周围的才会是自己最喜欢的人和物。尽管有些人在过程中选择离去，走之前还怪罪你的改变，但最终陪在你身边的，才是值得你去在乎的人，就算是互相讨好也是让彼此更开心。

想成为更好的自己，首先要告诫自己，别尝试去成为一个不想让别人失望的人；否则到头来你可能讨好了所有的人，却开始讨厌那样的自己。

一定会有迷茫的时候，
此时试着寻找心中的光亮，引导自己走向想去的地方。

成为自己喜欢的人，别去成为一个连自己都讨厌的人。
难免有些人会给予你异样的目光，但那正是你独特的证明。

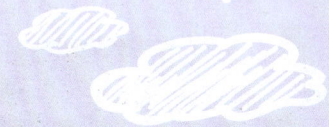

要相信自己,
因为未来的你会比想象中还好

艾·语录

不要因为孤单,而随便牵起另一个人的手;
也不要因为无助,而开始过着别人强迫你过的生活。
你的心中之所以充满担忧和恐惧,
并不是因为前方的路太难走,
而是因为你忘了自己有重新开始的能力。

不论是哭还是笑,最后都要想办法站起来。
但你要谨记,不用变得完美,
追求完美只会让你一再关注自己的缺点。
学会不轻易说放弃就好,
只要这样努力下去,
未来你一定会变成自己希望的样子。

　　"信任"是一件需要时间培养的东西,很少有人会在一瞬间就把它交给另一个人。我们通常要跟别人相处好一阵子,才会脱去身上的保护色,放心地呈现出真实的自己。其实,这辈子与你相处最久的人是自己,可我们却经常在某些重要的人生阶段对自己失去信任。

　　有时候,对自己失去信任,源自别人对自己的否定。当你间接听到不知从何处传来的恶意批评,心中自然会产生一圈又一圈自我怀疑的涟漪。这种不怀好意的批评,或他人对自己莫名的敌意,会出现在生活的各个角落。虽然你可能永远都无法习惯,但这个世界就是如此,当你认真往上爬时,总会有人想把你拉下来。他们整天盯着你,看你做错什么事,说错什么话,然后拿出十二分的积极,第一时间跑去告诉其他人。他们不一定是想爬上去,但就是不愿看到你超越他们。

　　这就是你必须要比别人更相信自己的原因。

　　不用让旁观者来替你打分数,也别一受到批评就开始怀疑

坚持努力,不轻言放弃。
未来的你一定会变成自己希望的样子。

自己,你的前进并不是为了讨好其他人。当你把注意力都放在自己身上时,才会获得更多的力量,将眼前发生的事转化成动力。要记住,别让你的怀疑消耗掉自己的美好。

遇到不如意,不用去恨一个人,而是不要让自己变成那样的人。一件事的好与坏,总是会延伸出更多的好与坏,每个人早晚都要承受自己的选择。

学会去爱自己,不要放弃追求自己喜欢的生活。相信自己,用心经营自己的人生,学会把坏事留给昨天,这样才有足够的空间迎接更美好的明天,快乐地朝着想要的生活前进。

可是，也有些时候并不是别人对你做了什么，而是因为你求好心切，开始把注意力放在自身的不足上，开始怀疑自己的一切。

只要是人，都会产生羡慕另一个人的情绪，但这种情绪一旦过多，就会受伤。如果你经常羡慕别人什么都有、什么都会，就容易看轻自己，甚至否定原本热爱的事情。

其实，每段成功的背后都有不为人知的努力，每份工作的价值都需要时间累积，过程中舍弃了什么、得到了什么，只有经历的人才知道。每个人的世界里都充斥着喧嚣的噪声，唯独用心去倾听自己的声音，才知道前进的方向在哪里，并勇敢地迈出步伐。

全力以赴，专心做好自己手上的事，持续学习，不断成长。相信终有一天，它会变成你最拿手的事。或许短时间内无法取得该有的成就，但这个过程一定能培养出更加自信的你。比起走走停停而最终后悔，用心努力的你一定会散发出耀眼的光芒。

写到这里，还有件事跟相信自己有关：你要接受失败的可能。在努力的过程中，遇到失败是常有的事，没遇到才是奇迹。做一件事，尽管成功是令人向往的快乐结果，但真正让人学习到经验的却是失败。

因此，当你受到打击时，不见得要马上站起来，但一定不能就这样倒下去。咬紧牙也好，不服输也罢，总之要不断地积聚力量撑过去。虽然说起来如此简单，遭遇时却可能痛苦到不行，但只要撑过去，你一定会变得更强大。可以说，这是淬炼出更好的自己的最佳方法。最后你会明白，**当你有能力接受失败的自己时，也就有能力遇见成功的自己。**

学会给自己更多的信任，相信自己能做到别人认为你做不到的事，相信自己可以面对充满挑战的未来，相信自己有一天可以摆脱那些讨厌的事，相信自己会通过今天的努力，创造出更美好的明天。

不论是迈开大步勇往直前，还是边哭边拖着步子蹒跚向前，都不要向那些批评你的话投降，也别因为害怕而停下脚步。每一天，我们都有很多次机会可以肯定自己，也可以责备自己，但要记住，你的每次选择都将成为一种练习；而愈练习，你就会愈习惯用那样的方式对待自己。

你不需要成为凡事都很积极的人，因为那样太累，但你一定要成为能看见自己优点的人。尽力做好自己想做的事，用拼搏在人生中刻下痕迹，生活肯定处处有磨难，但你还是可以通过用心雕刻，把握更好的机会，遇见更好的人或事。

终有一天，你将发现，原来那些曾经的过往，都已变成最好的安排。

人生的路上，偶尔需要你停下，静静地等待某些事情过去，事情过去了，才能够继续往前走。

谈人生

CHAPTER 2

我们都在跌跌撞撞中学会如何选择前方的道路

找不到喜欢的工作,
但一定能找到喜欢的生活

| 艾·语录 | 由于关系到收入,工作中很难随心所欲。
然而不要忘记,在生活中,你才是心情的主人。
别人说的话、别人的想法,对你而言都只是参考,
最终的影响是正面还是负面的,完全由你决定。

把笑点调低一点,将感动放大一些,
学习从生活中发现更多的可能。
自得其乐是件绑着缎带的礼物,
如果你知道如何打开它,
就会看到更棒、更开心的自己。

我想，人生有两件事往往无法选择：一是出生，二是工作。

出生不用说，我们无法选择在什么样的家庭中长大。运气好，你可能是富二代，天天无忧无虑，没有任何生活压力，你可以自由去规划想要的人生。运气不好，你也可能是富二代，家里管教严厉，从小就被指定未来要做什么工作，生活中处处有人管束，连结婚对象都要由长辈挑选。不同的家庭背景各有利弊，无从比较，也不需比较，把握好自己接下来的人生才是关键。

至于说工作无法选择，只是相对而言。在大部分的时间里，工作其实还是可以选择的。只是人生总有某些时刻，因为经济压力而被迫去做一份讨厌的工作，或是动荡的大环境让人你无法找到新工作，只能无奈地困在不喜欢的工作环境里。

做着不喜欢的工作是件折磨人的事。算算正规上班时间外加用餐及加班时间，一个人平均每天待在公司的时间少说也有十个小时。在这段时间中，我们不仅要面对许多令人烦躁的事，还需要周旋在某些难以相处的同事中强颜欢笑。就这样,许多人做着不喜欢的工作,心中充满了怨气,久而久之,这些怨气影响到生活的各个方面,最终毁掉了原本无比美好的人生。

要遇到满意的工作并不简单,但即使从事喜欢的工作,你也同样会有麻烦。一个空间中只要出现的人够多,一定会看到难以理解的行为与态度。其中,有些人还特别爱唱反调,当你正忙着寻找解决方法时,对方却只顾着放大问题,事后还得意地跑来邀功,说他帮你挑出了新的问题。

其实,任何工作都是一段成长的阶梯。想要离开讨厌的环境,你得先离更好的自己近一点。若是一味地抱怨坏事,只会

任何工作都是一段成长的阶梯。
别让工作中的烦恼磨灭你追求美好生活的梦想。

让好事更加远离你。当然，这样说并非要你无条件地吞下所有的不满。**你一定会有摆脱恶劣环境的机会，只是那不会发生在你具备走出去的能力之前。**

面对不喜欢的工作，你应该试着把焦点放在工作中能促进你成长的地方，磨炼自己的能力，培养自己的优势，因为唯有自己先变好了，周围一切才会跟着变好。过后你会发现，原来持续地让自己进步，就是给那些只会唱反调之人的最好回应，更是摆脱恶劣环境的最快方法，而那些原本觉得过不去的事，几年之后，都将变成不值一提的芝麻小事。

唤醒自己，别让工作中的烦恼磨灭你追求美好生活的梦想。就算是面对生活压力，也千万不要把工作赚钱看成唯一。虽然工作占了一天中的大部分时间，但真正决定生活质量的，却是工作以外的生活。良好的生活质量也会带给你更多精力去面对工作挑战。很多时候，如果你将心情扭转回来，让能量重新回到高点，你就会在工作中注意到更多友善的人或事，从而增加工作的动力。

一个人能否克服困难，取决于平时他积聚了多少力量去直面困难，积累了多少勇气去抑制转身逃跑的念头，这些都需要心智和意志来帮忙。如同人在肚子饿或睡眠不足时特别容易产生坏情绪，平时任由无意义的事情消耗自己的精神，失去活力的你自然找不到生活和工作的乐趣。

找不到喜欢的工作，那就用心去寻找喜欢的生活，把人生的满意度掌握在自己手里。在工作以外培养兴趣，在下班之后阅读休息，在假期当中沉淀自己，在生活之中聚焦美好。学会放下不该握住的东西，尝试放空自己的情绪，好的事情才会依次走进生命里。

快乐的道理并不复杂，我们不用等到获得什么后才允许自己开心，努力的过程早已经在累积快乐。就像有时以为只要达成目标心情就会变好，但在达成后其实也没有想象中兴奋，反而令人一再留恋的是那段毫不保留、用心努力的过程。

用心做好手头的工作，用心计划下次的旅游，用心整理房间的某个角落，用心去打扮自己。这些看起来只是把事情做好，其实更是在向自己说：我正在好好生活。

就是这样，好好生活，生活自然就会好好的。就算暂时做着不喜欢的工作，依然可以拥有喜欢的人生。

如果这条路走不下去，
那就换条路

艾·语录

别在乎伤害你的话，因为重要的是你接不接受；
别烦恼遇到的问题，因为重要的是你是否有勇气面对；
别担心梦想离现实太远，因为重要的是你如何去实现。

更重要的是，别因为遭遇挫折而失去信心，
也别因为不舍，而紧抓着该放手的事。
这世界没什么困难是过不去的，
只要你愿意努力，
所有发生的事，
对你都是最好的安排。

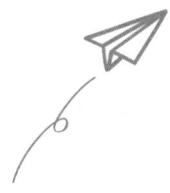

很多时候,我们以为人生只有一条路可走。

多数人,至少是我遇过的多数人,人生都有类似的经历:从学校毕业进入职场,开始遇到第一份工作薪水过低的现实;工作三四年,积累了些资历,开始遇到能力足够但升迁无门的现实;再过七八年,习惯了一成不变的工作,开始遇到生涯发展的危机;人生来到四十岁,开始承受养家糊口的经济压力。

其实,不管走到哪里,都一定会遇到无奈的现实,只是你**能不能接受而已。若不能接受,就不要勉强承受,没必要把自己逼得只有一条路可走**。

研究生即将毕业时,我面临着是否服兵役的抉择。当时班上的男同学都忙着一件事:到处投简历面试替代役。应试者需要硕士资格,通过笔试后,还要接受长达四年的低薪工作,以此来逃避一年多的兵营生活。基本上这交易很划算,虽然要等服完兵役才能领到应有的薪资,但也直接累积了四年的工作经验,不用在兵营里白白虚耗一年多的光阴。况且,如果工作表现良好,公司就会用四年的时间来培养你,在第五年时肯定会大幅涨薪。

对许多人而言,眼前的光明道路肯定就是替代役,虽然薪水不高,期间是否有加薪机会也不确定,但那就是大家该走的路。当时的我也如此认为。就像我过去考大学和研究生那样,没有停下来思考报考的热门科系是否适合自己,就这么急着报考、急着毕业,对于替代役,我开始也没有想太多,只是赶紧跟着大家到处投简历。

面试了一两家后,我心中开始产生疑问:"难道这就是我唯一的选择,或是正确的选择吗?"在产生这种想法之前,我从未思考过服正式兵役的可能,只觉得同班同学都在积极地面试替代役,我也得赶紧跟着投简历才行。不过当我认真思考这个问题时,却产生了不一样的想法。

"难道我没有其他的路可以走吗?"也就在这一刻,我想到直接去军中服兵役的可能。

重新思考眼前的路后,我发现替代役确实不是唯一的路,甚至对我个人来说也不一定是最好的路。

我当时的想法是这样的:被一家公司束缚四年意味着什么?或许有这四年的合约保障,工作上的压力会比较轻,至少不用担心失业,但也有可能付出的努力不会直接反应在薪资上。

再说，较轻的工作压力是我想要的吗？还是我希望趁年轻时接受多一点的挑战，然后获得相应的回报？

另外，都说进兵营等于是浪费一年多的时间，但这样的想法又是从哪里来的呢？为什么我还没亲身经历过，就确定类似的情节会发生在我的身上？老一辈的人都说，当过兵的男生才是男人，当然这句话肯定不适用于现在，但是否里面有值得我思考的地方呢？

最后，经过反复思考，我做出了跟大部分同学完全不同的决定，我打算去服兵役，而且还不是选择当一般的士兵，而是担任富有挑战性的少尉预官。

说真的，现在回想起来，我仍然钦佩自己当时的勇气。若你问我，如果再让我选一次，是否仍然会去服正规兵役而不选替代役，我都没有信心给出肯定的答案。但是，现在的我很确定一件事：在服兵役的那 17 个月中，我获得了以前从来没有过的人生经验，这些经验在日后的工作中不断地派上用场。

那段当兵的日子让我受益匪浅。当时的我还不到 25 岁，就已经掌管超过 200 人的兵力。每晚睡前我都要制定计划，安排各个小组的工作，既要指导每位组长或资深的士兵如何带领新兵，又要实时处理长官交代下来的杂事，还要承受许多不公平的潜规则。

这是我原本完全没有预料到的事，虽然当初义无反顾地选择了预官挑战,但那时也是心存侥幸,以为可以凭着学校专业,顺利地被分派到生活节奏较慢的教学单位里。事实上,我后来也有这样的机会,只不过本人抽签的运气实在太差,纵使结训成绩是全班前三名,有百分之五十的机会可以留在受训学校服役,结果还是没能抽中;运气更差的是,我不只没抽中幸运签,还抽中当时只有不到百分之一概率的实战部队签,必须到条件艰苦的精英部队去服役。

在接下来一年多的时间里,我克服了许多困难,遇到许多至今回想起来都觉得不可思议的麻烦。或许正是由于经历了这些磨炼,现在我每次遇到困难,都会觉得好像也没那么难。上天确实给了我很棒的成长机会,让我在之后面对难题时,可以更从容地调整好心态。但在当时,我觉得自己已是倒霉到极点。

很多时候,我们确实会因为不得不向现实低头,而觉得人生无法选择,开始对未来失去信心。然而,我希望你能记下这句话:**打败你的,往往不是外面的世界,不是那些讨厌的人、那些难听的话,而是住在自己内心深处的那个你。**是那个你先预设了最坏的情况,是那个你先设想接下来会发生不好的事。

事实上,很多好事都是在你愿意往前跨一步后出现的。虽然当时我已决定放弃替代役的机会,但我仍挣扎了好长一段时间。那阵子,我的内心充满矛盾,一方面埋怨自己投简历不够积极,另一方面又害怕选择服兵役是条不归路。

但就像我说的,我们所害怕的、我们所担心的、我们所烦恼的,很多时候都是自己想象出来的。虽然我无法知道若是选择服替代役,我的人生会不会出现更好的机会;但是我确定,若我没有选择服正规兵役,这辈子绝对得不到那时候的经验,以及较为成熟的男人心态。

遇到人生难题,千万不要认为眼前只有一条路可选择,也不要认为选择之后就只能硬着头皮走到底。坚持是很重要,但只要方向不变,并不需要陷入只能走一条路的狭隘思维。只要努力,生命自然会把你带往想去的地方。

年轻时,我们以为人生就应该是条直线,坚持走下去就会到达想去的地方,所以你很努力地往前冲,拼尽全力往前迈进。渐渐地,你会发现人生并非一条直线,而是弯曲的,有阻碍的,有时还逼着人不断折返,所以心才会觉得好累。

"休息,是为了走更远的路。"我们都知道这句话的含义,却发现其中的道理不容易践行。因此,我们不知从什么时候开始,停下来的时间好像已经多于往前走的时间。

有人说,这就是人生,但你的理性告诉自己,人生并非如此。

累了,确实该休息,但千万不要永远停下。**我们无法回到过去,因为过去已经转化为经验存在心里。而这些经验并不白费,它们会让我们看清自己的梦想,让我们更有勇气去追寻梦想。**

面对现实，走不下去就别再硬闯，但不要因此而不再继续。即使精力已经不如以往，但你也因为多了经验，而更清楚自己想要的东西。只要步履不停，梦想的气球便会因为你现在的努力而不断充气，终有一天会在梦想的天空中迎风高翔。

没什么好比的，
每个人都不一样，
都是唯一

艾·语录

不要因为人具有喜好比较的天性，
而陷入无法满足的陷阱里。
你活着不是为了取悦这个世界，
成为更好的自己，才是你要在乎的事。

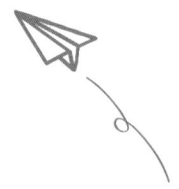

说到比较,这好像是人与生俱来的能力。

小学时,比谁的爸爸头衔更厉害,谁的妈妈更美丽;中学时,比谁的成绩更好,谁考上的学校更有名;大学时,比谁先交到男女朋友,谁在学校更出风头;工作后,比谁的职业含金量更高,谁的收入更高。我们一听到谁开什么车、买什么房子就会不由得竖起耳朵。不知不觉,我们开始习惯用这个社会定出的标准来判断自己的道路是否正确。

虽然比较是人的本性,也是人类进步的原动力,但是当比较的焦点从追求进步变成追求虚荣,当做一件事情的动机从值不值得变成会不会得到他人赞赏时,我们原先在乎的事就开始变得模糊起来。

比较,若单纯从量化的结果来判断并不公正,更会让人失去原则。虽然用数字衡量立即就能分出高低,但那毕竟只是数字而已,并不代表一个人的努力有没有价值。**不论是成绩或是收入,虽然可以量化,但不应该拿来当作人生规划。**

尤其需要注意的是，躲在比较后面的是一种难缠的情绪：失望。因为担心自己不如其他人、达不到别人的高度，会让父母、家人、朋友感到失望，结果只好放弃自己喜欢的路，选择走另一条看起来阻碍最少、最令人放心的路。直到有天回头看时，发现再也回不去那个起点，才知道虽然当初选择的路满足了身边的人，却也把原本喜欢的自己留在过去。

当生活陷入无止境的比较时，人生似乎也就停留在旋涡之中。你会永远想要得到更好的东西，永远嫌弃自己的不足，你看似得到更多的东西，内心却越来越得不到满足。日复一日地比较下去，其实连你都知道，自己没有因此而变得更快乐。

不要拿不属于你的东西去跟人比较，也不用拿自己拥有的东西去跟人炫耀，毕竟活着从来就不是为了取悦什么人。经常陷入比较模式，只会让自己一再地失去生活的重心。

脱去了比较的束缚，就会知道每个人都是唯一。大自然中没有两片形状一样的雪花，社会上也没有两个性格完全一致的人。你的人生不会跟别人一样，别人的人生也不会跟你相同。不同的人生阶段，有不同的人生需求；不同的人生经验，也有不同的人生进度。一个人至今做过的事，所产生的价值不该随便就拿来比较，因为基准点根本不同，再怎么比也不正确。就像你不会拿大人的身高去跟小孩比，人生的进度也不该直接拿来相比。

况且，很多人表面轻松惬意，背后却承受着沉重的债务。他们的生活看上去如楼台轩榭，却是建立在浮木之上。他们不过是以赚多少、花多少的方式，换取硬撑起来的身上行头。这样的人生，看似过得光鲜亮丽，其实过得唉声叹气。

在这个世界上，你只需要跟过去的你比就好。坚持每一天都让自己进步一点，坚持做好自己要做的事，坚持朝着渴望的目标前进，能做到这些就已经是很了不起的成就，不需再用多寡、高低、优劣、好坏来证明自己。有朝一日，你也会过上自己真正想要的生活。

每个人的一生都是一段专属的旅程。你不需要通过比较来证明自己走得多么精彩，纵使落后了，也不代表你的未来就比其他人差。

静心走好自己的路，才能让自己快乐前行。与其烦恼过去，不如从现在开始做出选择，未来的路你不再跟别人比，而是快乐地走，用心打造自己喜欢的旅程。

人生没有太晚的开始，
只有提早的结束

艾·语录

如果自律对你而言是种挣扎，
如果你觉得那样会限制你的自由，
可能是你把人生看得太过安逸。
安逸是好事，但若发生在老了以后会更好。
现在的你，应该接受挑战，咬紧牙关，
然后期待成功的奖赏，享受背后的成就。

别太早开始安逸，在年轻时选择挑战，
你一定能找到其中的乐趣，
然后在笑容中一步步走向终点，
最后遇见更好的自己，
手中抱着人生更大的奖赏。

　　我不认识玛丽女士,不过她的故事很激励人心。

　　玛丽从小就对绘画感兴趣,启蒙于全校只有一间教室的小学。当时因为家里没有钱买绘画工具,她只能利用家中的柠檬与葡萄当作颜料,随手涂出眼里所见的农村生活。然而,即使她从小对画画展现出兴趣,残酷的现实仍阻止她继续拿起画笔。

　　玛丽出生于美国一户贫穷农家,因为家中生活困顿,12岁时她就被迫离开家里,到附近的有钱人家当女佣,直到27岁结婚后才停止帮佣。贫穷的生活不只剥夺了她童年的乐趣,还夺走她喜欢画画的兴趣。差不多也是从12岁开始,成为女佣的她失去了学习绘画的机会。后来,嫁为人妇的她又忙于生计和养育5个孩子,她的生活再也没有跟画画沾上关系,最多也就是做些刺绣来打发短暂的闲暇时光。

　　随着经济与生活逐渐稳定,玛丽和丈夫拥有了自家的农场,加上小孩都已长大成人,生活过得越来越安逸。她原以为就这样安静悠闲地在农村度过余生,却不料丈夫死于心脏病,原本要把农场转交给小孩经营的计划也因此而打乱。少了丈夫的经验传承，她必须跟孩子摸索着打理农场，期间还因为女儿得了肺结核而不得不离开农场去照顾她。如果从 12 岁离家开始算起，整整有 60 年的时间，玛丽都把自己奉献给家庭，除了偶尔利用空闲时间做些刺绣外，其他时间都不属于她自己。

只是人的身体终究抵不过时间，手指关节炎问题最终让她无法继续刺绣。一个偶然的机会，她再次拿起画笔，认真对待她 12 岁以前热爱的绘画事业。也正是从这一刻起，她的人生可以说是重新开始，即使那年她已经 72 岁。

起初，玛丽只是随心描绘印象中的乡村生活，也许务农是她人生唯一的事业，因此画起来特别有感觉，也特别投入。她一张接一张地画，每天都沉浸在绘画的世界里。

玛丽画了很多画，不过都是些率性之作，偶尔卖给邻居当作家中饰品。直到 78 岁时，她的作品才开始受到关注。此后，玛丽的画作开始受到文艺界的讨论，越来越多的人发现，玛丽的画作中藏有别的艺术家所没有的感触。

她的画一开始没人欣赏，一张只能卖到三五美元，到后来一张画竟能卖八千至一万美元。在 80 岁时，她举办了个人的第一次画展。在 2006 年的一次艺术品拍卖会中，玛丽的遗作更是以 120 万美元的价格被一位收藏家收藏。在多数人都认为人生已走入尾声的阶段，玛丽用她人生最后的时光，画出 1500 多幅作品。大家常说，人生没有太晚的开始。安娜·玛丽（Anna

Mary Robertson Moses），这位人称"摩西奶奶"的已故知名艺术家用自己的故事给这句话做出了最好的注脚。

我们都容易陷入一种迷思：认为如果没有读到够好的学校，进到够好的公司，赚到够高的薪水，认识够优秀的伴侣，人生的满意度就会大打折扣。因此，好多人不是在重压之下负重前行，就是早早放弃精进，接受这辈子只能如此的结论。

其实，**人生并不是一条直线，并非你过去选择了什么，未来就注定只能成为那个样子；人生更不是一个公式，不是你今天遭遇什么事，结果就会只有一种**。人生之所以会是人生，就是因为充满各种希望，等着我们去追求，等着我们去实现。

只不过有个前提，想要实现美好的人生，你得先克服对改变的恐惧。

我们都害怕改变，因为这是人的本性。改变，意味着要先丢掉一些过往的东西，而人的大脑天生就排斥这种行为。在你打算改变之前，脑海中会上演各种不好的剧情，阻止你去做跟现况不一样的事，吸引你去选择安逸的生活。

安逸并非坏事，而且说实话，安逸的生活真的很吸引人，因为你不用烦恼人生，不用烦恼财务，不用烦恼未来的事情。但是，如果过早地选择安逸，人生反而安逸不起来。毕竟这个世界没有绝对的安逸，现在可以过上稳定的生活，是过去拼命努力的结果。若是现在不持续努力，安逸的生活也将不复存在。

也就是说，维持现况也是需要付出努力的。既然如此，何不认真地努力一次？

说到改变的困难，我想再跟你分享一下自己上学时等公交车的经验。

通过初中搭乘公交车的经历，我体会到一件事：你花在一件事情上的时间愈久，愈容易产生舍不得的想法。我称之为"等公交车理论"。

我就读的初中位于市区，从家出发需要搭公交车才能到达。可是我家的站点并非热门路线，公交车班次不多，经常要等30分钟以上。以前的公交车服务质量不比现在，冷门路线的时间表都只是参考，有时等一两个小时车还不来。加上那时手机还不能上网，无法实时掌握公交车的位置信息，所以一旦公交车没来，我的内心就开始上演挣扎的戏码……

"还要不要等下去？继续等，下一班会不会又不来？"

我陷入两难的处境。等，可能等不到；不等，又不甘心已经耗了那么久的时间。长大后，我才知道这就是心理学中所谓的沉没成本，舍不得之前付出的努力，所以不肯做出对自己更好的决定。

这也很能反映出人们在工作与生活中的习惯。

常听人抱怨受不了目前的生活，认为现有工作无法实现想要的未来，因此想做点儿不一样的事，想要寻求改变和突破。

可是，尽管白天上班受气，下班心情好转时就会心想："好像也没那么差……"想要有所改变，但又不肯抛开过去，就这样一直把自己拴在原地。

改变，并非要放弃现在所拥有的全部，而是要让自己换一种方式生活。 如果每天都做一样的事情，很难得到不一样的未来。想要改变，至少要给生活注入一点不同：下班后花点时间阅读和运动，只要你坚持一阵子，就会发现不一样的自己。这种改变不需要你做出什么重大决定，只要给生活注入一点点的不同，久而久之就会取得很大的进步。

给自己更多的期许，给未来更多的期待，努力变得更优秀，努力活得更精彩。当你不断前进时，不用去衡量人生的成就，因为只要你用心生活，自然会留下越来越多美好的回忆。

更好的人生是可以预约的。你只需要跟现在的自己下订单，跟未来的自己展示决心，然后约定有朝一日会因为现在的坚持，成为更好的自己，让自己过得比现在更好。**走出来，别在舒适圈中待得太久，你就会看到更多意想不到的精彩，接着你会明了，年龄终究只是个数字，而不是宿命。** 想想摩西奶奶从72岁才开始认真画画，就知道人生永远没有太晚的开始。

别为了活着而失去梦想，
要为梦想而努力活着

艾·语录

我们常将眼前的困境看作无法克服的困难，
总觉得各种现实的压力牢牢地束缚住自己。
然而，那是因为我们忽略了自己成长的可能性，
忘了自己只要变得更强大，
现在的问题就会随之变得渺小。

别轻易放弃，
因为真正的困境并不是来自环境，
而是来自心境。
走出去后，你一定会遇见充满更多可能的自己。

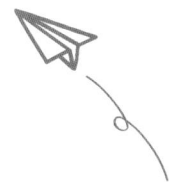

我观察过,多数人放弃梦想的时段差不多是在25岁到35岁之间。在这个年龄段,经济的压力、父母的压力、结婚的压力、职业的压力、买房的压力以及朋友间比较的压力扑面而来。听到当年比自己成绩差的同学一个个赚到更多的钱,在公司爬到更高的职位,此时低头看看自己那双仍在为梦想而到处奔走的脚,好多伤,好多痛,还有数不完的疤痕,心中只剩下难过。

"难道努力追求梦想错了吗?"很多人都这样问过自己。

追求梦想没有错,但不幸的是,很多人错在把梦想当饭吃。

在找到梦想中的工作前,我是一名电子工程师。我几乎没跟人提过这件事:我恨死这份工程师的工作了。虽然我从大学到研究生读的都是电子工程专业,毕业后也是直接进入一家上市电子公司,但说真的,我很讨厌电子工程师的工作。

不过我还是照做了,因为,**当你讨厌一件事,不代表那件事就不值得去做,或是对你没有帮助**。关于这点我后面还会聊到，我先说说是什么原因支撑我去做这份讨厌的工作。

我之所以讨厌那份工作，并不是工作本身不好，而是我很早就感觉到它不适合我。工程师的工作需要耐心地反复处理同一个问题，而且接触新事物的机会不多，待在这样的工作环境里对我来说相当折磨。当然，这些都是我个人的感受。我见过许多工程师对工作抱有难以形容的热情，投入再多的时间也不感到厌烦，而且在找到问题的解决方法后异常兴奋，就如同一名演员获得奥斯卡金像奖一般。

没错，那股热情就是爱与恨的分水岭。

虽然我讨厌工程师的工作，但我对任何能让我赚到不错收入的工作都保有一定的热情，原因很简单：拥有更高的收入能让我多存钱，缩短现实与梦想的距离，让我在认真生活的同时，有计划地去实现心中的梦想。

"认真生活的同时，有计划地去实现梦想。"我想这句话是再重要不过的了。

我是在2009年离开那份工作的，但其实我原本打算在2007年就离开，只是某个夜晚在公司停车棚下的一通电话改变了我的计划。

因为我做的是研发工作，加上求好心切，所以经常在实验室待到晚上11点多才回家。然而某次因为生产线的合格率问题，我一个人待到晚上12点多才把问题解决，好让生产线能在隔天早上正常运转,赶工出货。或许是连续好几天都很晚才离开公司,加上当时正值寒冬,所以我离开办公室后,就想打电话给我的二姐抱怨一下。

电话响了没几声就被接起,她的声音才刚传到,我的眼泪就不自觉地流了下来。

其实那晚我没跟二姐聊很多,主要就是觉得压力大,觉得这份工作做起来并不开心,但又希望能通过这份工作实现人生愿望。我们讲话的时间不多,大部分时间都是我在啜泣与深呼吸,但二姐无声的安慰却让我逐渐恢复平静。

有时候就是这样,心原本被烦恼缠绕,哭一哭就会自动解开。

隔天一早,虽然工作压力仍在,但我知道其实自己是在为未来而努力,现在为梦想承受的伤痛都是暂时的,只要能按照计划朝梦想前进,目前的生活就值得努力去过。这样想之后,我发现自己也没那么讨厌这份工作。

人生就是这样,当你清楚自己现在所做之事的目的时,你就会产生不一样的热情,就算那件事不怎么有趣,你做起来仍然会充满动力。

比方说,学英文需要背单词和学习语法,学习过程通常是枯燥无趣的,但学会英文后就可以了解国外的信息,开阔自己的视野,旅行时也能够更深入地了解异国的风土人情,这样一想,学英文时自然会有热情。或者你不喜欢加班,但你知道加班有助于你积累更多的专业知识以及获得领导的赏识,这样想想,一个人待在办公室也就没那么孤单了。

有时候,我们确实会因为讨厌现在的生活而失去前进的动力。但很多时候,正是因为你曾经经历过讨厌的生活,才知道喜欢的生活是什么样子;正是因为你承受住了某件事情带来的痛苦,才更有资格说自己不喜欢那件事。

讨厌考试,那就尽力把学业搞好,这样你才有理由大声说你不喜欢考试。讨厌目前的工作,那就努力把工作做好,这样才不会一辈子都要做这份讨厌的工作。

有人说:"选择比努力更重要。"但事实上,没有努力,你根本没有选择。努力过后,至少你有资格选择是继续下去,还是调转方向去做更喜欢的事。

就当是跟自己约定,试着在现在的生活中灌注更多的热情,从此朝着梦想前进。与其为了活着而失去梦想,不如为了梦想而努力活着。期待将来的自己能过上让现在的自己羡慕的生活。

现在不尝试，
也许就再也没机会了

艾·语录

人生最大的考验，
不是遭遇失败，而是如何对抗失败；
人生最漫长的，
不是遭遇艰难，而是如何走过煎熬。

多相信自己一些，
许多考验人心的事只要去尝试，
会发现原来比想象的要简单。

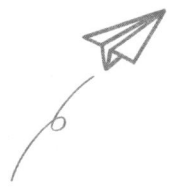

要说失败不会带来痛苦,那是不可能的。

失败代表一件事情的结果,虽然它属于过去式,却会在后续产生负面情绪的涟漪,就好像撞伤后的第二天才开始全身疼痛一样。失败引起的负面情绪在平日并不常见,但一旦出现,就很容易让人否定一切。比如期待落空的沮丧、怀疑付出的努力、忌妒别人的胜利、怪罪自己的无能等,这些情绪就像迷雾,起初以缓慢的速度在前方扩散,看似没有影响,突然就排山倒海地扑了过来,将人团团围住。

没有行动就没有失败,没有失败就不会招来痛苦,这就是很多人迟迟不肯行动的原因。我们都习惯过着自己熟悉的生活,因为对那样的时间与空间感到安心,觉得不用做什么改变好像也能舒适地生活。然而,待在舒适圈并不会让人一直过得舒服,很多人愈到后来,便会产生愈多的遗憾,常在心中后悔当初没能做点什么。

面对尚未发生但可能遭遇的失败,我们总会产生不知所措的焦虑感，这是我们内心成长必经的考验，是在突破现况的过程中无法避开的障碍。若能克服，那将是一段告别无知、面对未知的转变；一旦突破，我们会遇见更强大的自己，最后发现原来还有更美好的世界等着自己去探索。

其实，人之所以会焦虑，是因为身处不确定之中。遇到未知的事，如果选择逃避，对其视而不见，或许心情很快能平静下来。但这只是把焦虑这颗炸弹再埋回去，重新按下倒计时键而已，之后我们迟早还是要为同一件事情烦心，周而复始地与烦恼纠缠。

想要消除不确定的感觉，只有付出行动才行。人都是这样，会把不确定的事情想得特别严重，但一旦你付诸行动，就会发现那些都只是大脑中的小剧场，真实的自己并非如此弱小。

别看我现在跟大家轻松谈论着如何应对焦虑，其实直到今天，我仍不习惯与焦虑和平相处。虽然我仍需要一些时间才能从焦虑中恢复平静，但是我已经找到一种坦然面对焦虑的方法。焦虑时，我会先把那些尚未发生的担忧和疑虑写下来，而不是让它们一直盘踞在心上。选择先不要自己吓自己，这是找回平静的第一步。

我会在每张纸条上只写一件烦恼的事，然后开始思考各种可行的解决方法，想到什么就马上写下来。先不去管方法可不可行，能写多少就写多少，让自己感觉一次只需面对一个问题，解决方法却有很多个，这样心情就会比较轻松，问题看起来也就没那么可怕了。经验告诉我,很多烦恼其实不需要动手解决,光是写下来就足以使其自动消散。毕竟焦虑时所担心的事,很大一部分只是停留在想象阶段,并不会真的发生。

也许有些时候,即使付出行动也无法完全消除焦虑感,但请记得:**不要让自己一直陷入不确定感中,如果你就此在问题面前停下,问题将永远是问题。**你不见得要逼自己马上跨过去,但也不应该在原地踌躇太久。等太久,有些机会难免会流失;不尝试,有些机会可能再也遇不到。如果你选择逃避问题,到头来只会衍生出更多问题;如果你选择寻找答案,最后定会获得更多答案。

很多时候,一件事的困难大部分来自想象,真正阻碍你的,其实正是自己。别忘了,过去的你应该也是在跌跌撞撞中前行,最后还不是撑了过来?凡事都存在挑战,现在之所以能轻松应对某些事,都是因为过去的努力和坚持。**即使现实迫使我们无法完成心中想做的每件事,但不代表我们就要放弃每件事。**

听取自己的声音,找到心中的渴望,然后重拾信心,燃起斗志。面对挑战,先让自己放下一切顾虑,勇敢去闯。你会发现,少了"困",事情真的就不再那么"难"了。

人生长短不是看你活多久，
而是看你如何去活

艾·语录

趁还有力量时，去突破安逸的舒适圈；
趁还有好奇心时，去看看未曾见过的世界；
趁还有勇气时，去实现梦寐以求的梦想；
趁还有梦想时，尽力活出最美好的自己。

别疑惑为什么要这样做，
因为人生的长短不是看你活多久，
而是看你如何去活。

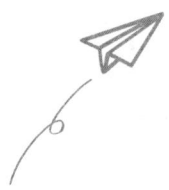

其实,人生的意义从来就不只是活下去而已,而是活出自己想要的样子。你过得好不好,要看你打算如何去过。

有次朋友问我:"何必把自己搞得那么累呢?找份安稳的工作好好做下去,十年、二十年……不是一样能安稳地过完一生吗?"当时,面对他的问题,我确实有点哑口无言。

"是呀,何必放着好好的日子不去过,却专门找更难的事来做呢?"

然而几乎是在同一时间,我又想到,天底下哪有安稳的工作和生活?现在的日子之所以会安稳,都是因为过去的努力;而未来的日子是否会安稳,则取决于现在是否努力。毕竟能过着安稳的生活是一回事,拥有能力去过安稳的生活又是一回事。不少人口中的安稳,可能只是长期不知所措之下,让自己安心的一盏烛光。

读书时，为了存钱，我决心减少买饮料的次数，一年下来竟多存了好几千元。对现在的我来说，多存几千元并没什么；但对一个学生而言，口袋多出几千元可以做很多事，何况我还成功戒掉了曾令自己难以抗拒的含糖饮料。那段磨炼意志力的日子让我领悟到，原来一个人只要真心想要做到，就有机会做到。

　　不就是这样吗？**很多时候，你想要得到比现在更好的东西，你需要的只是先给自己设定一个更高的期待而已。** 当你对自己的期待变高了，你自然会付出更多的努力，虽然会比之前更累，但活得却比之前更精彩。

　　忘了从何时开始，我每年都会在12月底回顾当年做过的事。连续写了几年后，我注意到，虽然一年有365天，但一整年值得记录的事情往往不到10项，单算事件发生的天数也不过几天而已。

　　难道其他的日子我都是在混吗？当然不是，因为大部分时间我都认真地做了计划。那难道是很多计划的事情没有完成吗？也不是，因为我完成了大部分的计划。实际上，看似一年中只有几天值得记录下来，那是因为列出的事情只在发生的那几天才具有特别的意义，而其他大部分时间都是在为这辉煌的少数几天做准备。而我们事后回想时，也只能记住几个特殊的时间点而已。有人把这样的时间点称为里程碑。这些里程碑就像人生的节点，如果没有它们，人生似乎就少了点儿故事。

也许你没有回顾每年做过哪些事情的习惯，那就来思考下面这些问题。

请问，过去十年你去过哪些地方旅行？令你印象最深的是哪个城市？

接着，再想一下过去三个月看过哪部电影？

最后，再想一下你前天中午吃了什么？

我经常拿这些问题来考大家，大家的回答基本如此：多数人很容易回想起去过哪些地方旅行，但回想近三个月看过哪些电影就有些吃力，至于要回想前天中午吃了什么，基本没戏。

你懂我说的了吗？生活的价值大小不取决于时间的远近，而取决于体验的深浅。再进一步说，能活多久虽然重要，但更重要的是你如何去活。

我得承认，一成不变的日子有时是种享受，但一成不变的人生就不见得了。况且一成不变有两种含义，一种是完全不管，所以日子就随波逐流；一种是有心营造，所以生活才可以按自己喜欢的样子发展下去。

想把身体练得像运动员一样的人，跟只想到健身房流流汗、交交朋友的人，两者锻炼的标准一定会不同，平常饮食的结构也会有差别。想要征服高山险峰的人，跟在附近爬山散步的人，他们平时所做的准备与登山装备也会完全不同。

简而言之，目标不一样，对自己的期许也就不一样。

想要变成更好的自己，过程肯定不会轻松，所以那些身材看起来健美，生活看起来精彩的人永远都是少数。虽然他们在朋友圈晒出的健硕身材很令人着迷，但他们背后的努力和汗水却是很多人无法承受的。

如果你也喜欢旅游，接下来的这段描述或许会让你更有感触。旅游的经验让我明白，虽然去过的景点可以通过照片保存下来，但是旅途中很多美好的体验，比如快乐的经历、特别的见闻、好吃的美食等，即使不用照片记录，也可以长久地保存在脑海中，并在某次闲谈中不经意地流露出来。

旅游时，拍照片只是一种留念，过几年再拿出来时可以令人会心一笑。不过能在平时唤醒回忆，让人觉得不虚此行的，是在旅途当中闻到的气味、景色在视觉上造成的冲击以及与同行友人在欢笑中产生的氛围。是那些东西让人感受到旅行的价值，而不是相机里的照片。如果在每趟旅程中都走马观花，仓促而过，不去用心感受每个地方，你也只能说出去过了哪里，却没办法回忆去过的感觉。

正如同人生一样，只有好好地过，才算不虚此行。

人生，过得有意义是因为你用心去活，也因为你用心体验了，所以才叫人生。

——有一天你会感谢当初的自己这么努力,在这个复杂又纠结的世界里,没有放弃追求自己喜欢的生活。

常想年老，才会活得更年轻

艾·语录

人会老，不是因为年龄变老了，
而是因为再也提不起劲头，
去做年轻时想做的事。

一个人是否年轻并不是看他的年龄，
而是看他对这个世界还保有多少好奇，
对自己的未来还抱有多少期待。

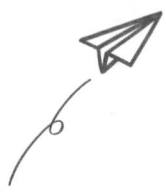

庸人自扰是形容一个人本来好好的，却自寻烦恼，自找麻烦。然而我觉得问题并不是出在自寻烦恼上，而是出在想完之后，却没有付出行动上。光忧虑，不行动是庸人自扰；忧虑过后，付诸行动便是未雨绸缪。如果能够提早思考人生的未来，勇于自寻"烦恼"，未来才有可能变成自己期待的样子。

上学时，我的年龄比多数同班同学都小，有些学弟学妹的年龄都比我大。不过在外人眼里，我的年龄虽不大，思想却有些早熟。我经常担心未来，常常思考现在的处境。参加工作后，同事们偶尔也会这样调侃我："怎么才不到30岁，想法就跟50岁的人差不多。"

然而，正是这种早熟给了我更多的动力，让我努力去经营好自己的人生。虽然从表面上看，我总是在烦恼尚未发生的事，可实际上我是在问自己：**如果想在以后过上满意的生活，现在应该做点什么？**

活在当下当然很好。过去已经过去，未来又还没到，多数

——一个人是否年轻并不是看他的年龄,而是看他对这个世界还抱有多少好奇,对自己的未来还抱有多少期待。

时间没必要去担心跟当下无关的事。只是有时候,我们会像关掉了开关一样,突然之间失去前进的动力,取而代之的是对过去的不满,对未来的无助。这时如果还一直用"活在当下"作为挡箭牌,躲起来不肯采取行动,或是沉溺在虚幻的娱乐游戏里,人生的时钟便会走得更快,转眼间三五年就会过去。

有时候拼命地跑,
只是想证明自己正在努力地活着。

不是事情的样貌发生了改变,而是你看待它的方式发生了变化。
你成长了,就不再纠结了,那些原本复杂的事,现在看起来都变得简单。
时间就是这样推着我们变好,没有什么事情是过不去的,别放弃。

遇到困难，放慢脚步没关系，甚至选择休息也无妨。你依旧可以按照喜欢的步调前进，不需要不顾一切地往前冲，更不需要勉强自己去做不喜欢的事，但绝对不要停滞不前。

尝试站在未来看现在的自己，这样才能使将来的自己不后悔。成长的方式有很多种，有些成长发生在事情出现的那一瞬间，有些成长则必须等到事情过后很久才会姗姗来迟。因此，面对困难，你不必急着寻找答案。只是，凡事都用"船到桥头自然直"的态度面对也不行，那样不只无法掌握未来，还会在消极等待中先迷失了自己。

也许，目前的你因忙于应付眼前的现实而对未来还不太确定，但请试着以五年或十年后的你来看待现在，那个人会满意现在的你吗？他会埋怨你现在的消极态度吗？我相信，我们都不希望曾经的自己只是随波逐流，而没有付出努力去创造美好的人生。

另外，人生中的某些阶段，努力的付出与报酬的实现两者会存在时间差，而且这个时差会特别长。比如我们总是要花很多时间来等待：等待存足够的钱去实现梦想，等待下一个升迁机会，等待那个对的人，等待成功机会敲响大门。此时，看似一切都没有进展，而当事情未能在预期时间内发生，人的心情就容易变得沮丧。

但请记得，一件事还没有成果，不代表现在的努力就没有用。

再妥善的计划，也要留有妥协的空间。把自己逼得太紧，反而会使前进的道路难以通行。因此，把握住大方向、大原则就好，过程可能很缓慢，也可能很迂回，更可能不进反退，但只要确定目标在哪里，底线在哪里，所有的努力就不会白费。就算最终结果不如预期，你也因此多走了好几步，变得比以前更好，比以前更了解自己。只要努力的方向正确，剩下的就只跟时间有关；而时间没有人可以掌控，唯一确定的是若你不再往前，最好的结果只会是现况。

人生常常这样，原本令人担心的事，经历之后才发现没那么严重；生活中微不足道的小事，时间一久却化为美好的回忆。所以，即使你对现在走的路仍然抱有怀疑，也千万不要对自己失望。只要你好好经营现在的自己，每个明天都会充满最佳的可能。

常想年老，不是要你心态变老，而是让你把握现在的每次机会，积累更多能力去打造喜欢的未来。当你知道将来应该去往哪里，应该过什么样的生活时，你便会充满动力。等到那时，你会更用心地生活，更努力地做事，对未知的事物充满好奇，对困难的挑战抱有决心。

这样的你，一点都不老，比谁都年轻。

在人生道路上，每个人都有不同的方向。
看似依循一样的步调，但终究每个人都要回到自己的家。

到站了。有人上车，有人下车，有人匆忙地走，有人悠闲地逛。
每个人都以自己喜欢的方式在生活，彼此不用刻意打扰，你我都是为了更好。

谈成长

CHAPTER 3

前进，是为了变得更好

别花上一辈子的时间，
重复过着同一天的生活

艾·语录

并非每件事都要有结果才值得去做，
能坚持走在自己喜欢的路上就是一种成功。

改变的道路有长有短，
成功的关键不是距离，
而是有没有勇气跨出第一步。

你曾经后悔过吗？我想谁都有过。在经历了眼睛健康问题和30岁转换人生跑道这两件事后，我领悟到一个道理：不管为什么事情后悔都没关系，重要的是在那之后你有没有去做点儿不一样的事。

即使我已经远离了朝九晚五的上班族生活，但我平日仍会接触到不少上班族。他们中的一些人很努力地想让人生变得不一样，但有些人却日复一日地过着同样的生活。

重复的生活本身并没有什么不好，真正不好的是很多人都以麻木的心态在生活。有些人能够真心享受平淡生活带来的安定感，他们在乎的不是工作能带来什么样的成就，而是通过工作提供的薪水可以给予家人安稳的生活。但需要警惕的是，有些人明明不喜欢那样的生活，却缺少动力，或者说是决心，去奋然改变。

对许多人而言，这一生走的路其实都差不多：出生后急着

没有什么理所当然，每段成长背后都有说不完的用心，
当下看也许是痛苦，回头看却变成礼物。
我们能做的，就是在过程中努力地活着，
在未来变好之前，先用最好的自己迎接每一天。

这个世界还有许多美好的事，
等你带着勇气，去收集。

学走路，跌倒时学会自己爬起；一上小学，就失去了玩乐的自由，假日里也要忙着去上兴趣班，随后一路闯关，成为大人口中叛逆的初中生；接着上补习班，努力准备高中考试；再过三年就要抢着挤进大学的校门，志愿则是按时下热门的专业来排序。

好不容易熬到大学毕业，是否会开始开启不同的人生模式呢？其实也没有，大学毕业后找到工作，白天上班，晚上加班，过着看似稳定的生活，然后结婚生子，养家度日。每天早上准时准点拎着早餐赶到公司，晚上则在主管离开后才敢下班；周末的时钟总是走得太快，周一的早晨总是不想起床。慢慢地，生活开始失去了变化，每天、每月、每年的日子越来越像，一眨眼，人生已来到五六十岁的门口。细数走过的日子，看起来很长，其实用一天的变化就足以描述完。

我常常问别人："十年后，你的生活跟现在会有什么不同？"我在这里不是指住的房子，不是指开的车子，更不是指存款的数目，而是你真正的生活，十年后是不是自己想要的样子。

可能是问题太过突兀，被问的人通常一时回答不出来，就算再给他十分钟也是一样。因为他从来没想过这个问题，自然也不知道作何回答。实际上，想过这个问题的人实在不多。虽然每个人都希望未来有所不同，但很少有人认真思考该如何做才能不同。

也许是怕麻烦,也许是不知从何开始,又或许是不敢面对。大多数人忙于面对现实,却忽略了一个更重要的事实:**想要有不同的未来,要先有不同的现在。你必须从现在开始规划未来,到时才不会觉得人生苦短。**

每个明天都注定会成为今天。只有认真计划,我们的明天才会变成更好的今天。

人生,其实就好比一幅画,颜料是这个世界给予的,而涂上什么颜色却由你决定。每天你都有能力在上面画点什么。虽然很多人都想告诉你该怎么画、挑什么颜料,但画笔一直握在你的手里,颜色永远由你来决定。

世上不存在完美的画作,我们也不需要完美的人生。每天为自己多努力一点,每天多喜欢自己一些,学会放下过去不好的事。从今天开始,试着去画出自己喜欢的人生。只要你愿意,明天就会是重新开始的第一天。

——重复的生活本身并没有什么不好,真正不好的是很多人都以麻木的心态在生活。

你以为的困难，
正是让你迈向成功的摩擦力

> **艾·语录**
>
> 你现在担心的事情，可能过几天就忘了；
> 你现在不会的工作，可能过几个月就熟练了；
> 你现在觉得难相处的人，可能过阵子就不在乎了。
> 并不是那些事情有所改变，
> 而是你已成为更强大的自己。
>
> 生活既能让人变得更糟，
> 也能让人变得更好。
> 不要放弃成为更好的自己，
> 一定要跟未来的你这样约定。

想想看,如果我们生活在没有摩擦力的世界会如何?车子一旦启动就停不下来,更无法转弯;你被别人撞了一下,便会一直后退;想要打电话,根本拿不起手机。没有摩擦力的世界令人难以想象,因为我们几乎没办法控制自己的行动。

如果把生活视为一条道路,那么**路上遇到的困难其实就是一种摩擦力**。

我的朋友小凯,正是利用人生的摩擦力,成功给自己增加前进的助力。那年,全球经济很不景气,他上班的公司撑不下去,只能选择破产。突如其来的失业打得他措手不及,惶恐之余,他赶紧到处投简历,但每个公司的日子都不好过,裁员都还来不及,更别说引进新员工了。就这样,小凯在家当了几个月的失业人士。他笑着自嘲说,若没有存款支付房租,肯定会去做游民。

听到他的自嘲,我并没有跟着他笑。因为我知道,当一个人处于深渊时，只有他本人有权利说自己多苦，只有自己知道那段日子有多挣扎，也只有自己可以在重新爬起来后，嘲讽那一跤跌得有多狼狈，并笑着描述那段翻转人生的日子。

迟迟找不到工作，眼看存款已经见底，小凯只好想办法在家接活儿。好在他原本的工作和网络设计有关，于是他买了几本架构网站的书，苦读一番后，便开始在网上贴广告，试着在家接活儿。只是这个世界可没那么好混，一个星期过去了，连一封要他报价的电子邮件都没有。

生活就是这样，常常逼得你走投无路，只为了让你看见另一条光明大道。

在生存压力下，他转而思考有没有其他方法可以吸引客户上门。他回想起工作时学到的观念：要让人知道你的服务是什么，就要先让人看见你的服务有多好。他想，既然要帮人架构网站，何不先让人家看见自己的网站？有了这个想法，再加上失业压力的逼迫，他马上建起了自己的网站，并在上面分享各种网络设计的经验和架构网站的过程，毫无保留地把解决问题的方法分享出来。

此门一开，希望的阳光便马上照进了现实，没多久小凯就收到了第一张订单。

"虽然只是一千多元的工作，而且花了我快一个星期才完成，但说真的，我生平第一次对工作有那么大的成就感。"他意味深长地说出这句话，仿佛道尽了人生的秘密。

如今，小凯每个月都会接到网页设计的工作，偶尔还会收到课程邀约，邀请他担任企业讲师。期间他也陆续接到顾问的工作，不用自己动手做，只要定期给予指导就行。工作的时间变少了，得到的报酬却比上班时更多了。

生活中的摩擦力经常会让你叫苦不迭，却也给了你检视自己的机会。**因为有摩擦力，你才能控制自己的人生；因为有摩擦力，你才知道哪些人或事不适合自己。**它会给你打击，减弱你前进的力量，阻碍你去想去的地方。它不是巧克力，吞下去能让人心情变好，但种种看似负面的迹象，其实是要你停下来，用心思考目前的处境。它如同自然界中不可或缺的摩擦力，让我们能随心所欲地停止、转向、掌控东西。

如果你能理解这种想法，那么阻力就能转化成助力。只要是你想要的，那么任何的负面摩擦力都无法阻挡你，除非你选择放弃；如果不是你想要的，负面摩擦力也能帮助你转向，从而找到真正想走的道路，除非你选择放弃；即使你现在感到迷茫，负面摩擦力也不是毫无作用，它会要你停下来，思考周围是否藏着新的机遇，除非你选择放弃。

的确，人生道路上充满许多负面摩擦力，财务上、工作上、事业上、感情上，问题时刻都会发生，也需要花不少精力去克服，有时甚至会让人失去信心……但其实你也知道，它并不会一直存在，反而可以转换成新的力量，让你重新定位自己，重新掌管人生。只要不放弃，下一步都将是新的开始。

困难是一种机遇，更是一种考验。遇到困难，别转身就逃。面对它，用心把握潜在的转机，然后战胜它。终有一天，你会发现这些消失的困难，其实不是负面摩擦力，而是推着你不断前进的最大动力。

安于现况，很快就会被遗忘

> **艾·语录**
>
> 如果你发现每天都被相同的事困扰，
> 你要期待的不是有一天那些事会改变，
> 而是期待有一天自己有能力选择离开。
>
> 环境的改变，永远不及你自己先改变。
> 环境要变好，充满许多变数；
> 但自己要变好，只需要你下定决心。
>
> 不要畏惧现实带给你的挑战，
> 把每一天都当作进步的跳板，
> 只要你不断努力，持续成长，
> 所有的事，一定都会渐渐变好。

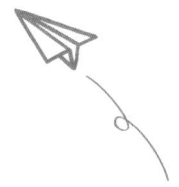

从两个人的故事讲起。

婷祯从小功课优秀,不只得奖无数,还到处参加比赛,学业成绩一直保持在班级前三,高考时如愿考上了心仪大学的热门专业,毕业后顺利进入稳定的行业,可谓一帆风顺。因为工作收入稳定,银行乐于贷款给她买房子。对于未来何时结婚生子,何时享受人生,婷祯早已做好规划,一切看起来都如此顺利。

小幼的际遇稍微不同。她对学校课程虽不排斥,却没办法像婷祯那样得心应手。大学读的并不是那种让人羡慕的学校,不过在半工半读的情况下也算顺利毕业了。随即进入流动性高的服务业,偶尔听闻她在存钱,却不常听她提起未来想做什么。

故事讲到这儿,若你觉得婷祯的一生会比小幼过得好,我一点也不吃惊。优异的学业成绩、光鲜的大学文凭,加上稳定的工作,不到30岁名下就有一套房,任何人都会相信她的前程一片光明。

婷祯的前程是不错,但也不能说好到不行,应该只能说是稳定。至于小幼的生活虽然看起来有些挣扎，却也没有差到哪里去。

我想表达的是，**在一个人还没有停止努力之前，任何人都不能小看他的人生。**

人生总是充满意外。有一天，小幼就用了一个意外来展现她的改变：她决定飞到美国学艺术设计。对周围认识她的人而言，这确实是意外；但对小幼来说，似乎这是早就计划好的事。当时听到这个决定，朋友们都感到非常诧异，但也对她的勇气和决心感到佩服。毕竟一个女生，英文还不够流利，却有勇气只身前往美国读书。更勇敢的是，她没带多少钱去美国，因为光是学费就花掉了她大部分的积蓄。原来，她打算之后靠打工赚生活费。

一年过去了，听闻小幼正为生活与学业忙得焦头烂额，却也挺享受异国生活。很快第二年也过去了，听说她开始到广告公司实习，同时准备攻读艺术学院。

随着时间流逝，关于小幼的各种消息越来越多，比如她打工的趣事，认识新的异国朋友，假日开车到哪里旅行，还有在学校里的各种新鲜事。相比而言，婷祯虽然过得稳定，但生活中却没有多少新鲜事。她也坦承一成不变的生活跟当初想的不太一样，可要放弃现在的工作又不知道该做什么，加上她的行业已明显受到人口减少的冲击，生活压力反倒与日俱增。

平心而论，婷祯与小幼都是认真生活与工作的人，只是有时光认真并不够，还要有勇气正视竞争的残酷。当别人都在进步的时候，停滞不前的人自然会被时代超越。**人生的际遇无法预测，唯一能把握的是，你必须在当下努力前行，时刻准备着遇见更好的自己。**不论你是年轻，或是已经来到中年，都不该满足于眼前稳定的生活与工作。

我定期在网络上发表的文章引发了许多人的共鸣，因此不时会有网友写信来向我请教人生该如何抉择的问题。我得跟你说，其中有不少问题，就是他们突然失去一份看似稳定的工作，不知道该何去何从。

原本以为可以依赖那份工作安稳退休，原本以为房贷可以通过工作薪水还清，原本以为工作稳定才生了第二个小孩……这些原本看似的稳定，都不及公司主管因为产业变化而下达的裁员命令。房贷还是要缴，小孩还是要养，生活还是要过，可惜的是，薪水却无法保证一定拿得到。

说到这儿，我并不是要给你传达负面情绪，更不是要打击你对现今稳定生活的信心。安全感是人的基本需求，也非常值得我们去追求。可是我不得不提醒你，如果太轻易满足现状，那么你可能已经给人生按下了暂停键。你不再想要成长，不再期待变得更好，不再渴望遇见更优秀的自己，而残酷的竞争却从来不会因为你而停下脚步，变得和善。

平凡，并非不好，但若是碍于环境限制而被迫选择平凡，从此不再期待进步，那绝对要特别小心。改变的确是不容易的，当你面对未知的将来，选择熟悉的过去真的很吸引人。然而，你之所以能有现在的成就，或是安稳的生活，正是过去的你愿意努力。因此，想要维持这份安稳，你就必须保持前进。

别太早安于现况，试着在目前的生活中改变些什么，试着去接受更大的挑战，试着去尝试以往害怕做的事。突破舒适圈会让人付出很多的辛苦，但你要相信，之后它会带给你更多的幸福。

年轻时多吃苦，
未来就不再怕苦

> **艾·语录**
>
> 宁可现在牺牲点休闲时间，
> 多加努力，
> 然后看着日子渐渐变好；
> 也不要未来牺牲掉休闲时间，
> 被迫努力，
> 却依然烦恼日子何时才能变好。

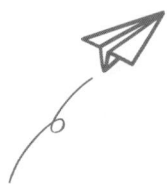

　　我喜欢看电影,每次在电影院看到有人睡着,都觉得有些不可思议。不过老实说,我在当兵休假时,也经常睡倒在电影院的座位上。因为太累了,甚至比我后来进入社会当工程师时还累。

　　我当兵时要管理上百人的连队,加上本身性格是一旦做什么就想做到满意,因此那时身心压力之大是外界无法想象的,平时睡眠严重不足。

　　然而,正是那段时间的高压生活,让我在以后遇到工作或生活中难解的问题时,都觉得压力没有想象中那么大。

　　印象最深的一次,是我在白天担任值班员的同时,半夜又要兼任查哨官。值班员要负责安排连队的所有任务,查哨官则是要巡逻整个营区的哨点,而我服役的部队营区至少有三座足球场那么大,巡逻一遍都要花上两个小时。通常来说,部队不会安排值班员在半夜查哨,然而当时因为人手不足,营区上下具有查哨资格的人很少,因此我就被安排进查哨军官的名单里。

白天要打起精神管理部队,晚上由于查哨只能睡一两个小时,那个星期我完全是靠着意志力在强撑。

这样的经历固然很辛苦,不过经过了那次严峻的考验,往后只要碰到需要考验意志力的事情,我都不再担心,觉得再怎么苦的日子似乎也没那么苦。因为连最苦的日子都已经撑了过去,遇到一般的苦反而会觉得有些甜呢。

我常鼓励朋友们:"如果年轻时的你都能做得到,现在的你一定也行。"

虽然说我们无法抵抗体力下滑的命运,就算再怎么锻炼身体,身体的机能终究会不可避免地衰退和老化。然而,很多时候并不是生活真的变得更苦,而是我们对于苦的标准越来越低。

过惯了有空调的生活,在烈阳下工作就变成再也受不了的事;吃惯了餐厅的美味,吃粗茶淡饭就变成没有生活质量的事;习惯了汽车的舒适,风尘仆仆地骑摩托车上下班就变成了痛苦的事。然而,年轻时候的你,还不是骑着摩托车到处跑,还曾以有辆摩托车为傲?

年轻时的苦难是一枚荣耀的勋章,是生活赐予你的一件珍贵礼物,当你接受挑战,提早尝到苦难的滋味,这枚勋章就会永远佩戴在你身上。往后遇到类似的考验,只要想到身上的这枚勋章,很多事情都会变得容易许多。据说,人一生会吃到的苦就是那些,不是年轻时多吃点,就是在老的时候多吃些,想来或许真是这样。

不要看轻自己,过早选择安逸的生活绝非明智之举,**要在自己还有体力与心力的时候,勇敢接受那些让自己感到不舒服的挑战**。如果你现在面临选择,却烦恼不知该选哪个,那就选择会让自己感到不舒服的那一个,因为人的潜力往往会在不舒服的环境中疯狂生长。那时你会发现,之前很多的不可能,都只是受到了想象和恐惧的束缚而已。

以百米赛跑为例,虽然 10 秒内跑完 100 米是非常高的门槛,然而若想在顶级大赛中夺得冠军,跑进 10 秒内只是最低的要求。但你知道吗?在 1968 年以前,科学界始终认为 10 秒跑 100 米是人类的极限,不可能有人突破。

人的潜力就是这样,没人做到不代表不可能,而且一旦有人成为典范,之后就会有越来越多的成功案例。自从短跑名将吉姆·海因斯(Jim Hines)以 9.95 秒跑完 100 米后,越来越多的选手开始突破 10 秒的成绩。时至今日,选手们在百米大赛中跑进 10 秒内已非新鲜事。

因此,如果你现在正面临困难的挑战,或是为了完成某个心愿而努力拼搏,你一定要充满信心地告诉自己,你是在把自己提升到一个更好的层次,现在所受的苦一定会有回报,而且只要你撑过去,未来就没有什么苦可以难得了你。

专心地活着,
你的冠军目标是什么?

艾·语录

只要确定好自己想去的地方,
接下来的努力就都是累积了,
你也不用再担心路上会遇到什么,
因为这个世界将会联合起来帮助你。

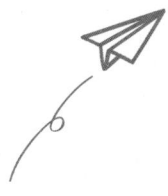

　　运动场上的竞争永远很残酷，赢者通吃是很正常的事。第一名的荣耀往往是其他名次所无法比拟的，冠军的滋味也是后面的人无法体会的，而冠军得到的奖赏和目光更是其他人的数倍。

　　同理，如果你的一生只够完成一个最重要的人生目标，极可能那个目标带来的成就与满足感，会比实现第二、第三甚至第十个目标加起来还多，而那个最重要的目标就是我所谓的冠军目标。

　　当然，每个人一生中通常不会只完成一个目标。如同一名体育好手，从小学到大学再到业余或职业竞赛，每个阶段都有拿冠军的机会。关键在于，当你有机会实现目标时，是否尽力去争取。

　　随着时间流逝，我们可以不断设立新的目标或梦想，但随着年龄渐长，其中有些目标可能再也没有机会实现。这些目标就像年度新人奖那样，一生只有一次机会，若当下没有尽力去争取，难免会留下无法挽回的遗憾。

之所以设立冠军目标，其实是希望自己可以专心生活。我们生活在喧嚣嘈杂的时代，周围充斥着各种各样的噪音，因此我们不只在工作上需要专心，在心态上更需要专心。面对烦琐的工作，你需要集中精神去做正确的事；面对不安的心情，你需要集中心力去感受生活的美好。生活会给予你各种考验，可能让你更痛苦，也可能让你更快乐，把心情专注在能让自己快乐的地方，才有信心往前跨出下一步。

巴西著名作家保罗·科埃略（Paulo Coelho）说："当一个人真心想要做某件事，全世界都会联合起来帮他！"年轻时的我听到这句话，内心充满好奇，更充满疑惑：真的有那么好？全世界，或是身边的人都会来帮助我实现梦想吗？

后来随着阅历的增加，我渐渐懂了，并不是全世界所有人真的都来帮助你，让你不用费力就可以完成梦想，而是你会开始注意到周围那些对你完成梦想有所帮助的人或事。所谓的"全世界"，其实就是我们眼睛的"视界"，自己的世界。当你在心中设立冠军目标时，对目标的渴望就会促使你集中精力去完成，于是乎，整个世界都会来帮助你。

人生只有一次，可我们却太容易受外界的干扰而失去专注，不小心就把宝贵的时间浪费在不值得的事情上。设定冠军目标，是为了确保自己走向正确的方向。

看到这里,你不妨也问问自己:现阶段你心中的冠军目标是什么?也许是带全家人出国旅游,也许是在重要考试上取得好成绩,或者仅仅是希望三个月后练出理想的身材,让家人品尝亲手做出的料理,这些都可以是一个冠军目标,一个让人前进的动力。千万别以为只有远大的目标才值得追寻,能够开心地生活其实也很不简单。好好地想清楚,或是用笔把它写下来,让它成为你生活的重心,推着你专心地生活。

　　人生中的每件事情都是一连串选择的结果,虽然生活可以有无限种选择,但精力毕竟只能做有限的分配。我们要学会找出当前最重要的目标,集中有限的精力去实现它,让自己朝着拥有无限可能的未来前进。

别羡慕他人薪水高，
先看自己究竟妥协了什么

> 艾·语录
>
> 你绝对值得拥有更好的人生，
> 但问题在于，
> 你是否用心去争取过？

先别急着和我争论,不要一看标题,便以为我是在数落人。如果你现在待的行业薪资福利不好,领到的薪水让人感到委屈,那不见得是你的错。因为过去在学校的你,不,应该强调不只是你,很多人都不知道,原来进入社会后,学校学的那一套并不管用。入学时以为选了热门专业,毕业后才发现毫无用武之地。然而,不论你对现在的收入是否满意,有件事我一定要提醒你:你现在的能力是否能够匹配心中所期待的那个薪水数字?

我遇到过一位同事,经常抱怨公司给的工资太少,与辛苦的工作不成比例。他逢人便说,物价太高,诱惑太大,身为家中经济支柱的责任太沉重,每月领到的薪水仅够还账单。

我最初总觉得他应该是不太擅长理财,所以处在严峻的大环境下更显辛苦,只是因为我跟他私交不深,所以也不好意思直接说。毕竟给人建议要先衡量一下交情的深浅,交情不深的话,很可能被认为是在故作姿态。但我仍然很好奇,为何他会觉得公司给的薪水与他在工作上的付出不匹配呢?于是我就默默地观察他平常的工作状态。我曾经以为他缺少的是理财方法，或是缺少上司的肯定，后来才发现两者都不是。原来，他缺少的是与高薪匹配的工作态度。

当我还是上班族时，为了追求上进，经常早上第一个进公司，晚上最后一个走。因此，同事们何时拎着早餐进公司，又何时离开办公室，我都心里有数。

而那位经常抱怨薪水不够的同事，也是经常比大部分人早进公司，离开的时间也比大部分人要晚。若单纯论工作时间，他的付出肯定比多数同事还多，算是个比较负责的人。然而，或许你跟我一样好奇，这样认真的人工作态度哪里有问题？

观察一阵子，我渐渐发现问题出在哪里。原来他的工作并不需要花那么多时间就能做完，跟他工作相同的同事总是准时下班，他们并非偷懒，而是工作效率比他高。

换句话说，他的工作能力不仅没有超出他那份工作的要求，而且还有点不足。因为时间管理或工作流程的问题，他只能勉强用更长的工作时间，来换取一个保住工作的机会。如果一个人的市场匹配工资是月薪3万元，可是却不断抱怨自己不该只领到那么少的薪水，要么就是他高估了自己在那份工作上的价值，要么就是没有竞争力去别处寻求更高的薪水。

对于工作价值，每个人都有自己的判断，但薪水是公司发的，因此你的工作价值不能由自己说了算，而要由市场说了算。

这样说好了，如果只有一家公司、一位老板没有看出你的价值，那很可能是没遇到伯乐，你应该试试其他机会；但万一整个市场都看不见你的价值，恕我直言，那可能说明你需要提升自己的竞争力。

看到这里，有些人可能急着反驳："问题在于某些不良老板过度苛责员工，给员工低薪，还要求他们做高薪的工作，简直没天理！"坏老板确实存在，但是，这不代表你只能默默忍受他们的压榨。

如果不满意目前的工作与薪水，你需要的不是回家用手机玩游戏或上网购物来排解工作压力，也不是在茶水间抱怨和数落别人，而是尽快规划出逃脱计划，为自己订下更高的标准，通过不断地提升竞争力，来达到能够获得更高薪水的实力。就业市场的规则就是如此，你要先具备更优秀的能力，才能脱离现在老板的恶劣态度，才能在外面碰见欣赏自己的伯乐。

不过，看似简单的道理，许多人却迟迟不肯去做。

老实说，我也曾踟蹰不前，明明知道应该做什么，却任由现实将我锁在原地。偶尔兴致来了，或是受到一个故事或电影的激励，就带着极大的热忱去写一些计划，思考一些未来想做的事，然后期待接下来的生活会有所不同。

不过，接下来我的生活并没有什么不同，因为付出的行动不足以让我脱离舒适圈。于是，计划被搁在一旁，想好的未来仍然是未来。没有付出足够的行动，生活自然一成不变。

面对不满意的现状,你必须诚实地问自己:**你现在付出的努力、制定的标准,是否能够给自己带来梦想中的未来?** 你现在的薪水,是否真的对不起自己?

还是,你已经在枯燥的生活中渐渐麻木,轻易地向不满意的工作妥协了?

若是现在的薪水真的对不起你,还等什么,别一直屈就在这样的环境里。善良不是用在这里的,能力足够何需忍受这样的不公平,只要你有实力,任何大环境都是好环境。可是若你知道自己其实还有许多不足,走出去也不见得有更好的结果,那就多付出努力,去学点新东西,赏自己一个更好的未来。

无论如何,都请试着挑战再难一点儿的工作,别那么快老去,我们永远比自己认为的还要年轻,不应该就这样轻易地停下来。累了,喘口气,休息完,继续走。你的人生不会只是如此,因为你期待的自己并不是这样。

不用羡慕别人领的薪水更高,先想想要领到更高的薪水该做什么事。往前,更好的自己一直在等你。只要愿意,你一定可以让未来的你,因为现在的努力而感到骄傲。

不是你太晚开始,
而是你从不开始

艾·语录

人生可以有无限种选择,
造就无限种可能。
只是如果你从不开始,
那些选择与可能,
都不会出现在你的生命里。

也许要跨出第一步真的太难,才会有那么多人亲手把梦想葬送在最初的原点。

许多人始终在起点观望,花太久的时间去犹豫,其实多半是在烦恼未知的事情。担心计划不够周全,不断想象各种阻碍,害怕失去原本拥有的东西。这些看不见、却一直出现的负面情绪,经常堆成一座高墙阻挡着人前进。

但毕竟那些都是想象出来的恐惧,是大脑为了保护你而幻化出来的。大脑不希望你受伤,但不代表你的能力无法克服恐惧。况且,很少有一蹴而就的成功。很多成功的结果,都是经过不断尝试才最终得到的,只要你愿意不断尝试,就会找到更适合的方法。

"那么,万一行动后才知道方向错了怎么办?万一失败了才知道不适合怎么办?"这是许多人共同的心声,也确实是值得我们思考的问题。然而,无论是对或错,成功或失败,也是在你付出行动后才会知道的事。虽然选择努力的方向很重要，但若你还没开始行动就去担心会不会走错，又如何知道哪个方向才是正确的呢？

没有人天生就擅长解决问题，那些看起来轻松取得成功的人，其实都是经过好多次的跌跌撞撞，才学会如何分辨道路的方向，学会如何在今天少受点伤，知道如何躲避障碍，知道如何在平淡的世界里找到改变的勇气。

跨出去做点什么，一定比什么都不做要好。付出行动后，无论最终结果如何，都能得到更多的经验。就算什么事都没发生，顶多也跟什么都不做一样。其实只有付诸行动，你才有机会找准目标，因为只有经过不断地尝试，你才能最终找到通向目标的康庄大道。**一旦确定好目标，就不要再迟疑，有了开始，至少失败时不会觉得对不起自己。**

有些人之所以迟迟不肯行动，是因为担心再也回不到原点，失去原先已经不错的生活。虽然无法保证，但事实上，人生很少会因为你做出些微的改变，就整个翻转过来变得完全不一样，让你失去所有一切。若真的害怕回不去，那就设定截止日期，给自己几个月或一年的时间尝试，努力去做好那件事。就算期限到了发现真的不行，你也有机会重新开始。

此外，请丢掉完美的想法。当你陷入追求完美的死胡同时，一定要赶快把自己拉出来，因为它不仅会让你裹足不前，还会让你在前进的道路上愈走愈没信心。从表面来看，追求完美似乎是一种积极的心态，但实际上却是在暗示自己付出的努力永远不够，不值得去享有任何成果。持续努力自然没错，但如果你失去肯定自己的能力，喜欢的事很快就会变成讨厌的事，然后放弃。

做一件事情要获得成就，不见得是要事情如预期般顺利完成，有所收获其实就是很大的成就。用心做事，总会学到很多以前没学过的东西，这些都将转化为你的实力，让你可以去面对更大的挑战，解决更难的问题。很多事情就是这样，当你努力往前奔跑时，有一天会发现，原来当初一直认为克服不了的困难，早已被你远远抛在身后。

有些人觉得梦想是不切实际的，所以他们就放弃做梦，从不开始。其实，梦想的美好在于，它可以给人带来力量。现实当然也有些残酷，因为当我们追求梦想时，情况往往跟想象的不一样。但那些所谓的不一样，只要你愿意去克服，就不会成为阻挡自己的理由。这个世界的残酷，这个世界的美好，一直都存在，差别在于你是否做出选择，是否敢于用行动去寻找答案。

如果心中的梦想值得去追寻，就鼓起勇气跨出第一步，然后锲而不舍，让自己更靠近成功一些，让脚步更紧跟现实一点。当我们回首时，或许还是会看到那些残酷，但也会发现更多的美好，支撑着自己，继续往前。

下次，当你想做一件事情，却发现始终没有进展时，先问问自己是不是过于追求完美，是不是还在做更多的准备，阻碍你实现梦想的是恐惧的假象还是真实的问题。记住，**别再企图追求完美的开始，因为从来没有完美的开始，你真正要做的，只是勇敢地跨出去。**

现在有多任性，
未来就可以有多成功

> **艾·语录**
>
> 成长就是这样，
> 总是要撞到什么，才会知道有多痛；
> 经常在累了之后，才知道自己为了什么而前行。
>
> 也许，现在你眼前的道路，
> 并不是最好的那条，
> 但只要你用心努力，
> 它就是一条不会令你后悔的道路。

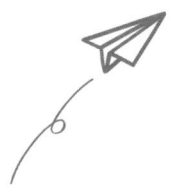

　　如果当初我没有任性地选择自己想走的路，现在就不可能有机会写书，每天埋首在写作的世界里，过着自己喜欢的生活。

　　我是在2009年结束朝九晚五的职场生涯的。前一年，全球爆发金融海啸，大部分人都更加珍惜自己的工作，我却毅然抛下稳定的饭碗。要知道，我放弃的不只是丰厚的薪资，还有令人期待的职业前途。

　　虽然待在公司的时间只有三年半，不过因为我一进公司就相当拼命，经常在办公室待到最晚，用下班时间累积更多的工作经验，又在隔天最早走进部门办公室，提早进入工作状态。再加上善于把握机会，我很快就成为全公司最年轻的讲师。我在工作上的积极态度给部门同事与主管留下了良好的印象，于是我成为同期员工中升迁最快的人。说得夸张点，当时真的可以说是前途似锦！

　　之所以那么努力，是因为我对生活与工作始终有种坚持，希望能靠着自己的努力而让事情往更好的方向发展。依稀记得刚进公司时，我就定下一个目标：将来一定要做到管理层。因此当我提出离职申请时，主管除了讶异还是讶异，也提出不少优厚条件来挽留我，说我目前还年轻，应该多考虑考虑。

但我还是任性了，打定主意要离开，因为我想做让自己快乐的事。纵使当时的薪资确实比外面丰厚得多，但经历过那场意外的眼疾后，我知道自己不该再这样日复一日地等下去。虽然我不确定离开公司是否会有更好的发展，但我愿意给自己机会，愿意给自己信心，我应该出去闯闯，至少这样不会让自己后悔。

这种任性其实在我一进公司就派上用场。虽然职场新手一般只能承担基本工作，不过当时我一再提醒自己，除非经过思考和判断，否则别轻易相信别人的经验。我跟自己强调：别因为其他人的失败而放弃自己尝试的权利。

之所以这样想，并不是因为我自视过高。我只是任性了些，希望通过自己的坚持而让事情变得更好。况且，对一件事负责的标准是因人而异的，同样的事交到不同人的手里，总有改进的地方。

回想起来，有一次经历很好地说明了我任性的坚持。那是我首次负责旧产品升级的研发项目，因此要负责技术文件的更新。当时我进公司才满一年，由于表现积极，加上部门快速发展，因此得到主持项目的机会，而客户是以注重细节闻名的日本国际大厂。为了提升客户的信任度，我在撰写文件时，除了所有数据都要求正确无误外,还仔细比对整份文件的标点符号和格式。我的想法是:技术文件是正式的专业文件,应该要用准备论文的心态来看待,才能达到优秀的标准。

虽然我的主要工作内容是研发,但我也一度成为偏执的校对狂。我不只利用下班时间反复做测试,确保文件中的数据参数准确无误,而且利用假日时间多次核对文件格式,在计算机屏幕上认真比对新旧版文件的不同。最终,除了校正数字外,我还找出许多段落与文字间多余的空格,而这些都是前人在更新文件时没有注意到的细节。

也许对有些人来说,这已经不是坚持,而是过于偏执了。"不过这可是技术文件呀,何况是要交到日本客户手上的!"当时我心里就是这样想的。或许这份细心并不会被别人看到,但我自己看到了。

你应该也听过:坚持,是一件事能否成功的关键。实际上,**短暂的坚持并不难,难的是能不能坚持到底**。当身边的人要求你符合他们心中的期望时,你不会因为他们的压力而失去追求自我的坚持;当你知道梦想需要时间去完成时,你不会因为别人的风凉话而放弃心中的坚持;当你在逆境中承受前所未有的苦难时,你不会因为一时的跌倒而不再坚持。

或许,你对某件事已坚持了很长的时间,可最终结果仍然不如预期,但你一定也会发现,只要在坚持的过程中付出最大的努力,就算事情没有变好,你也早已因此而获得成长。

努力,或许不会有最好的结果,但一定会有更好的结果。只要持续努力,终有一天,这个更好的结果就会超越过去某段时间你所能做到的最好结果。

坚持下去,坚持到底,只要那是你喜欢的事,就不要因为批评与质疑而停止追求更好的可能;更不要因为灰心,而失去渴望改变的动力。在前进的道路上,最可惜的就是你否定原先热爱努力的自己。要知道,真正的成功往往不是看你做了什么、得到了什么,而是看在过程中你变成了什么样的人,以及你是否喜欢那样的自己。

坚持成为更好的自己,这是一种自己才懂的任性。这种任性会慢慢升华成一种追求卓越的品质,持续陪伴着你,把你带向更卓越的人生。

坚持,是一件事能否成功的关键。
短暂的坚持并不难,难的是能不能坚持到底。

谈坚持

CHAPTER 4

你的努力,正在帮你收集幸运

你的努力,正在帮你收集幸运

有时,我们会对现在做的事感到困惑,
怀疑很多事都在跟自己唱反调。
然而生活也不断地告诉我们,
当下坚持把事情做好,
总有一天会在某个地方得到回报。
不一定是在同一个领域,
但它肯定会出现在某个时间,
以不一样的方式,回过头来支持着你。

而你现在学到的、看到的、体会到的,
都会在那一刻证明,
过去的努力有多值得。

在写这篇文章前,我很少跟人提起这件事:能够考上研究生,我一直觉得自己很幸运。

虽然我认为经过一年的努力准备,我有信心考上大部分学校的研究生。不过,我报考的学校是当时数一数二的热门学校,不只报考人数众多,参加考试的考生也都非等闲之辈,大家都在过去花了大量时间准备考试。简而言之,这次考试竞争十分激烈,要想榜上有名,光靠努力准备是不行的,也需要点运气。

而我的好运就发生在考试的前一天,我从成千上万的参考题库中复习到一道考试原题,而且那道题属于高分题,运用的方法也非常新颖。如果我没有提前看过,或许就无法答对;如果无法答对,或许结果就是落榜。

"这实在是太幸运了!"走出考场后,我双手握拳,兴奋得几乎喊出来。不过,我也没忘记给自己掌声,毕竟这个幸运是我自己收集而来的。

这就要提到考试前一晚的故事。

因为考场位置离居住地很远,所以考试前一晚我就跟一些考生入住到考场附近的宾馆。大家都还是学生,为了节省开支,我们两个人住一间。而跟我同住的考生很有实力,他为这次考试做了充分的准备。

照理说,考试前一天要找个安静的环境,好好坐在书桌前复习笔记。然而,旅费实在有限,我们只能入住宾馆最基本的房型,房间内没有提供专心读书的地方,因此我只好找个僻静的角落,把笔记本和参考书打开来复习。也许是由于入住宾馆的兴奋和大考前的紧张,此刻我的室友却躺在床上,开始看起电视来。

"你不用准备吗?"

"用呀,不过先休息一下。"

稍微点头示意后,我便戴上耳机,沉浸在自己的题海世界里。不过说实话,当时我的心思也颇受影响。正所谓大考大玩、小考小玩、不考不玩,大考前一天不让自己过度紧张,听起来也没错。我心想,是不是应该放松一下才不会太紧张?否则晚上睡不着可就惨了。

"不行!我不能让自己过去一年的努力付诸东流。"此时我想起当初决定报考研究生时与自己的约定:无论考试结果如何,我都要付出全力走完这趟旅程,不让自己有后悔的理由。就在那一瞬间,我心中响起了舒伯特的《鳟鱼》钢琴曲,这是一首我最喜欢、最能让我心绪平静的乐曲。于是,我把视线重新挪到笔记本上。

找回了内心的平静,或者说找回了坚持的理由,我就开始照计划继续复习,思绪也渐渐平静下来。于是我将心思专注在笔记和书本上,因此才有幸复习到那道出人意料的考试原题。而两个小时后,我那位室友仍躺在床上拿着遥控器。

大约过了一个月,学校正式发榜,我的名字出现在正式录取的学生名单中,而那位同学的名字却未能出现在上面。

如果要探讨幸运是否掌握在自己手里,就不得不提心理学博士理查德·韦斯曼(Richard Wiseman)的一份实验报

其实,人生旅途中很少有平坦的康庄大道,唯有走过之后,你才知道脚下的道路是否正确。

告。他随机挑选一群人作为研究对象,并请受试者依照过往的经验判断自己是"幸运的人"还是"不幸的人",然后依此将受试者分成幸运组与不幸组。

接着,他给每个人一份相同的报纸,要求受试者数出这份报纸上的照片数量。有趣的是,幸运组成员数出照片正确数量的平均速度明显快过不幸组,有些幸运组的人甚至花了不到5秒钟就给出了正确答案。

原来,并不是幸运组成员的眼睛特别厉害,而是韦斯曼博士偷偷在报纸中隐藏了一句话:"别数了,这份报纸总共有43张照片。"而这句话被大多数幸运组的人找到,不幸组之中却很少有人发现。因此,韦斯曼教授在实验报告中分析道,所谓的幸运并非全是出自偶然,而是跟自己当下的态度密切相关。自认为不幸的人往往因为消极的心理因素而过于拘泥,为自己设限。相比之下,自认为幸运的人会去主动寻找不同的机会,尝试不同的选择,不轻易局限自己的发展,也因此会遇到更多世人认为的幸运。

固然,美好生活的创造离不开运气的帮忙,但幸运并非从天而降,你只有保持专注,付出行动,坚持努力,才有成为幸运儿的机会。

对每个人来说,未来会变成什么样子,大多都跟自己平时的努力与付出有关。每个人都想过美好的生活,可不少人却没有把时间花在追求美好上。要知道,每一天都是一份积累,每一分努力都可以帮你收集到更多的幸运，而那些成功者背后，往往都隐藏着不为人知的努力与坚持。

有时候，我们会担心前方的道路是否正确，停下脚步又怕被现实的洪流淹没，不知不觉，开始怀疑，只好持续被推着前行。

也有些时候，我们会害怕辜负别人的期待，却又不甘心放弃自己的梦想，不知不觉，开始迷茫，最后把人生大部分的时光都浪费在彷徨和焦虑中。

其实，人生旅途中很少有平坦的康庄大道，唯有走过之后，你才知道脚下的道路是否正确。而且几乎肯定的是，只要你努力走好当下每一步，没有什么路会是白走的，没有什么力会是白出的。不经历那些，永远不会知道自己讨厌什么，也不会知道自己喜欢什么。

别对现实轻易低头，更别对未来轻言放弃。**你的努力不是要做给其他人看，而是为了超越现在的自己，为了预约更好的未来，为了收集属于你的幸运，为了与更好的自己相遇**。也许不会是现在，但肯定在生命中的某个时刻，你会感谢过去的自己，因为坚持，而能有今天，因为努力，而能如此幸运。

——做困难的事就像穿越隧道,黑暗只是开始,光明会在尽头。

就这样,一步接一步,走向自己想要的生活。

别光学一个人有多成功，
却忘了学他有多努力

> **艾·语录**
>
> 你得先向今天诱惑你的事情说"不"，
> 才能在明天遇到有价值的东西时说"我要"；
> 你得先静下来思考想要的是什么，
> 才能在机会出现时集中精力去追求；
> 你得先费尽千辛万苦去努力训练，
> 才能在关键时刻看起来毫不费力。
>
> 我们都在以这样的方式成长，
> 原本以为自己牺牲了什么，
> 后来才知道，
> 这是达成人生目标的必经之路。

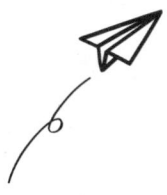

身处网络时代,我们每时每刻都可以接收到别人"成功"的消息,总能看到某某人士登上了杂志封面,或是哪位名流参加了品牌发布会。镜头中的他们看起来既惬意又幸福,浑身散发出耀眼的光芒。重点是,还有钱。

"真希望我也能那么命好。"这样的想法很多人都有过,我以前也总是这样幻想。只是后来我在不同领域里接触到的成功人士越多,越发现他们"真实"的另一面。

初识L时,他已经是位成功的上市公司业务主管,身上贴满了世人定义的成功标签:出入以名车代步,房贷马上就要还清,是公司未来的高级主管人选,而且年龄刚满四十岁,体态看起来却像二十多岁。

"肯定是个非常幸运的家伙。"我想很多人一定会这样想。我得承认,一开始我也是如此想的。

一个偶然的机会,我在一次为期两天的课程中与他相遇。

> 并不是别人的路都很好走，其实大家的路都不好走，
> 只是走着走着，有些人会放弃，有些人则会继续。

当时授课老师要求学员第二天上台发表演讲，题目是对课程主题或相关内容做延伸。因为课程的学员在职场上都有一定的经验，所以听到要做演讲时并没有惊慌，反而有些人还特别兴奋。到了第二天下午，几乎每个人的演讲都非常精彩，坐在台下的人也是猛记笔记，学习别人的心得。其中，L的演讲尤其令人印象深刻，而且是一开口就让人惊艳。

"好稳的台风，而且吐字如同播音员一般清晰流畅。"他说出第一句话时，我心中就亮起了10分的牌子。整个演讲节奏分明，声音跟内容完美结合，就连笑话都讲得妙趣横生、与众不同！

他在大家如雷般的掌声中结束了演讲，几个同学在课程结

束后又当面夸奖了他。后来，闲聊之中才得知，他昨晚为了准备演讲熬到凌晨，早上八点就先到现场模拟走位。我想，那一刻大家都意识到，他的成功并非偶然。

小茹则是我的另一位好朋友，即使年过三十，身材还是保养得非常好。很多学生时期的朋友见到她都禁不住称赞道："哇，你的身材真好呀！"可以想见，听到这句话时，她心里有多高兴。然而接下来的这句话就不一定了……

"真好，怎么吃都吃不胖。"

"如果我是在 20 岁时听见这种称赞，完全不会反驳，因为那时确实如此。"

小茹私底下跟我说，大学时真的怎么吃都可以，即使一天到晚不停地把鸡排、卤肉、烤肉塞进肚里，体重仍然会稳稳地停在相同的数字。但今非昔比，那次聚餐时我才知道，现在她一年吃盐酥鸡的次数不超过 5 次，晚上几乎不吃油炸食物，吃东西前也会特别注意食物的热量，总是选择容易产生饱足感的食物。除此之外，她每周至少运动 3 次，每次都超过 50 分钟，而且运动强度也很大，每次都会汗流浃背。这对 30 岁前没有运动习惯，30 岁后依然讨厌运动的她来说，简直像完成极限大挑战那样困难。

"那么辛苦，还不就是为了维持理想的体重与身材。"她如此说。

你不妨观察周围那些在某个领域很厉害的人，或是生活中看起来自在快乐同时又取得超凡成就的人，他们身上总会散发出独特的光芒。然而表面看起来轻松，并不代表背后就没有努力。事实上，他们可能比其他人更努力、更拼命地度过每一天，只是他们很少会让人知道其中的艰辛，通常只是直接让人看到结果。

有句话我记得很清楚："并不是成功的人都不抱怨，而是他们很少在别人面前抱怨。"这不是要求你盲目地积极乐观，而是要告诉你，无休止的抱怨和哀叹并不能将你带到想去的地方。

遭遇现实，总有无奈。人生不可能完全不抱怨，只不过有些人是见人就抱怨，有些人只向能理解他们的人吐苦水。他们知道，如果到处抱怨，只会让人认为他们不懂得知足，明明有很好的成就却还抱怨人生。一个人的成就，其实是来自背后看不见的积累，至于伴随而生的光芒，也是因为他的努力才被看见。

隔了一阵子，我又遇到了 L，才知道他不久就要去海外掌管企业一个分公司的业务部门，而且将来很有机会成为总经理。

一般来说，像他如此年轻的人很难有这样的机会，但他说其实这是他毛遂自荐的，而且在两三年前就开始认真规划了。虽然他的业务表现突出，但若要跟那些海外留学回来的人竞争，外语能力是劣势。因此，他每天上班前、下班后，都会抓紧时间练习英文，直到某次与客户开会，他全程用英文做简报，取

路,走不下去,不一定是自己能力不好,也许是因为时间还没酝酿出适合你的机会。
换个方向,转个弯,尝试不同的做法,或许不久的将来,就能遇见全新的自己。

有些人会陪着你走,
有些人则无法挽留,
但那些美好回忆,
时间永远带不走。

得了客户的信任。他想，可能就是在那时，他得到公司主管的欣赏和信任。

通往成功的道路有很多条，但前行的方式其实都很像，靠的就是一点一滴的刻意积累。今天存一点钱，明天存一点钱，某一天就会发现原来已经存了那么多；今天写几个字，明天写几个段落，不知不觉就完成一本书；今天背几个单词，明天学一些语法，不知不觉便能用外语与人沟通；今天做好这件事，明天做好那件事，突然有一天就成了某个领域的专家。

命再好，还是会遇到难走的路；命再差，还是能够走出自己的路。并不是别人的路都很好走，其实大家的路都不好走，只是走着走着，有些人会放弃，有些人则会继续。

至于天生优势，或许存在，但不是每个比自己成功的人都是靠优势，千万别忽略那些成功背后难以想象的努力。天底下没有迟到的努力，只要愿意开始，接下来的人生肯定不会辜负自己。

别只学一个人有多成功，因为那个成功是他自己拼来的，你不一定学得会，学到了也不一定开心；但一定要学别人有多努力，这样你就会有专属于自己、旁人永远拿不走的成功印记。

没有天赋又如何？
没有努力根本不会有天赋

艾·语录

困难的事，可以区分出想努力的人和想放弃的人；
麻烦的事，可以区分出愿意做的人和只抱怨的人；
一年的时间，可以区分出有目标的人和没目标的人；
十年的时间，可以区分出有梦想的人和没梦想的人。

人生就是如此，不论大事或小事，不管生活或工作，
是否突破舒适圈的决定权都掌控在自己手中，
未来也几乎随之决定。
关键在于，
你是想要眼前的舒适安逸，
还是想要日后更美好的人生。

小时候我的作文很不好，每次考试或是上作文课，我都有种度日如年的感觉。每当稿纸发下来，我总是盯着如梯子般的绿色格子发呆，完全不知如何将文字爬上去。手上虽然握着钢笔，心里却是一片空白。

"实在佩服那个○○○，怎么能写出那么多东西来？"这种想法不知出现在我心里多少次了。我常在作文课上边想边向周围看，发现那些擅长作文的同学早已文思泉涌，奋笔疾书；不过也有不少同学跟我一样，咬笔挠头，东张西望，我想我们都懂不知如何下笔的苦恼。

对于写作的天赋，我从小就没想过那跟我有任何关系。

其实不只是小时候，一直到现在，我仍觉得自己的作文不好。如果现在给我一支笔和一张稿纸，然后再给出作文题目，恐怕我还是写不出什么东西。

不过，等等！你现在不是正在看我写的书吗？有点难以启齿，对于"写"作文我真的不擅长，但如果改成用计算机"打"，我就会徜徉在写作的世界里。而这也是我踏上写作之路的契机，有趣的是，我在30岁前根本没想过有机会写书。作文就是不好嘛！怎么可能有机会出书？

大概是在2012年，我开始投入大量时间写作。当时我的脑海里并没有出书的想法，心里想的只是把个人感悟和人生经验分享在网络上。因为理财是我的兴趣之一，所以我写了很多理财文章。每当有生活感触时，还会写一些有关人生成长的文章。或许是从小害怕写作文的原因，起初我很担心这些文章会贻笑大方。不过想想网络世界就是这样，没人看，就表示没有传出去嘛！打消顾虑后，我就继续写了。

我后来之所以开始对写作产生莫大的兴趣，是因为发觉好像有人会定期阅读我的文章，而且人数有增加的趋势，不时也会看到有人转载我的文章，电子信箱也开始收到读者特意写给我的信，说我写的内容很好理解，给他很大的帮助。但不骗你，我在信中读到这些话时，都会自动把肯定句改成疑问句。

谁叫我的作文成绩从来没好过。

经过一年多的写作练习，我才慢慢相信作文成绩差不全是因为我不会写，只是因为我不太擅长用手写。也许是我不够耐心，不然就是记忆力不太好。用手写时，我心中有很多想法想要表达，但思绪总来不及从脑袋传到笔尖就已消失了。因为作文不好，我的语文成绩也是所有科目里最弱的，我有时真心觉得英文句子比文言文还容易理解。

自从发现我写的东西对读者有帮助后,我就紧紧抓住这根细小的信心绳索,开始安排固定的时间写作,从一两个星期写一篇文章,逐渐变成一个星期写一两篇文章,再到现在每天都会要求自己写些什么。我之所以坚持写作,一方面是为了满足自己对于写作的好奇,一方面也是为了通过文字来认识自己。只是毕竟写和说有区别,写作对我而言还是陌生的事,所以我开始学习更多的写作技巧,从知名作品中学习表达一件事情的各种方法。有趣的是,如今我对于原本很排斥的语文课程,竟然产生了钻研的兴趣。

再说口语表达,虽然我很早就有机会上台演讲,还曾经有人称赞我天生就会讲话,但其实我也是经过一番努力的。

虽然在学校跟人闲扯聊天都没问题,可是上班后我却发现,只要一上台或站起来发言,原本心中想表达的内容都消失得无影无踪。做简报时,事前准备的材料更是没办法在众人面前完整表达出来,而且每次快轮到我发言时,我都会心跳加快,手心冒汗。

为了克服这种恐惧,我去参加了演讲训练班。那是一套为期数月的课程,每堂课都会设定一个主题,要求学员上台演讲,然后在当天课程结束时公布下个星期的主题,要大家回去准备。

"每个人每次都要发言,真是花钱买罪受。"这是我上完第一堂课的想法。不过钱都交了，怎么能浪费呢？因此我想到一个绝妙的方法：我要在每堂课开始演讲时，第一个举手上台。

这得需要多大的勇气？但其实，我并不是要锻炼自己的勇气，我也不是真的很勇敢，我只是想："如果我是第一个讲完的人，那接下来就可以轻松坐在台下，专心享受别人的故事啦！"我后来给这个方法取了个名字，叫"第一个举手的奖赏"。百试不厌，下次你也可以试试。

于是从第二堂课开始，只要一到学员上台演讲环节，我都会第一个举手抢着上台。要知道取得这个奖赏没什么难度，因为根本没人想跟你竞争！有一次，老师问谁要先上台，一看到我又举手时，虽然我不懂读心术，但老师的表情明显就是在说："怎么又是你！"

数年后，每当我有机会站在台上演讲或授课，总是感谢台下第一个举手提问的人，因为他给了其他人开口的勇气，我也总是尽量花更多的时间回答第一个问题，以回馈给有勇气先举手的听众。回想起来，当初训练班的老师会有那种表情，应该是很开心我又来做破冰的人。

经过那段时间的演讲训练，我发现自己在台上变得更加自在了。我能够轻松地分享自己的感想，那些心中想说的故事，以及过往的生活经验，也都渐渐在与听众的互动中分享出来。

写了那么多，我想说的是，**我相信这个世上有些事是需要**

天赋的，只不过大部分生活中所见的事情，需要的并不是天赋，而是全力以赴。

也许你对做菜有很好的悟性，但如果不下功夫学习切菜、配料和调味技术，就无法成为一位好厨师。也许你对写作很感兴趣，但如果不去努力阅读、认真练笔，就无法将内心的想法很好地表达出来。也许你天生有副好嗓，但如果没有努力练习歌唱技巧，就无法成为专业的歌手。

这个世界没有无缘无故的成功，那些看似很有天赋的成功者，都经历了不懈的努力和持续的练习。他们在自己的领域内深耕细作，坚持做喜欢的事，在不断重复的工作中持续精进，追求卓越。

到最后你会发现，**所谓的天赋，其实是贵在努力，贵在坚持，贵在即使面对千难万险，仍然不放弃去做喜欢的事。这股拼劲儿，才是最重要的天赋。**

改变靠的不是瞬间,是时间

> 艾·语录

一开始你只是想要变得更好,也不知道自己会有什么改变,
朋友也没察觉你的变化,你只是独自坚持。
渐渐地,你变得更开心了,
看待事情的态度更积极了,言谈举止变得更自信了。
此时周围的人才发现你变了好多,
但其实你已经坚持了很久。

改变就是如此,你需要先花很多时间默默坚持,
其他人才会注意到你的变化。
所以坚持下去,每一点进步都是一种成功,
只要不放弃追求美好的初心,
时间一久,人生就会充满更多美好的事情。

　　曾经我的体重比现在重了15公斤,而且这15公斤是在短短半年时间内长出来的。我小时候是圆脸,年轻时由于户外活动多,消耗的热量也多,因此脸型也变得有些棱角了。但是当体重多出十几公斤后,我的脸就又"原形毕露"了。整个脸像张饼,又圆又大,肚子也是圆的,当时的我只能用像生意人那样富态来安慰自己。

　　身体发福是在我离开职场后不到一年的事,当时正忙着创业,每天都把精力和时间投在经营事业上。原本就少得可怜的运动也完全停摆,倒是爱吃美食的习惯从没停下来,加上我对创业有更多的期许,本来只会偶尔通过美食来释放压力,开始变成两三天释放一次,然后是一天一次,最后是每餐都如此。

　　很多事情就是这样,每天一点点的改变让人难以察觉,等到发现之后却为时已晚。渐渐不爱的感情关系是如此,浑浑噩噩的日子是如此,直线上升的体重也是如此。况且人在过了30岁后,逝去的不只是青春,还有新陈代谢的速度,在动得更少、吃得更多、代谢更慢的情况下，短短半年增重 15 公斤根本不费吹灰之力。

说真的，除了裤子的尺寸越来越大，以前喜欢的衣服再也穿不下，让我心疼钱花得有点浪费外，我觉得那时的外形还是挺讨喜的！毕竟环顾同龄的朋友，身材好像也经历着与我相似的膨胀过程，这样看来，体重上升反而是种时尚。原本我对体重的飙升不以为然，但真正点醒我的是这件事：我感觉比以前更容易疲惫，没走几步就开始喘气……

我开始害怕下滑的体力再也追不上我的梦想。

人在生病时，总是特别怀念生龙活虎的自己，这时你才意识到健康的重要性。当你失去身体的掌控权时，才会知道健康几乎等于一切。

差不多就是在体重飙升的那一年，我除了感到体力明显下滑，身上也开始长出各式各样的湿疹。说是各式各样，一点也不夸张，因为常常在擦完药膏，好不容易把某种湿疹压下去后，另一种新的湿疹就接着冒出来，霸着身体开起新的派对。那时正值盛夏，因为经常要往外跑，所以只要一出汗，身上就会到处发痒，这种折磨让我好难受。原本以为天气转凉后情况就会有所舒缓，可是并没有，而是又出现另一个折磨人的皮肤发炎症状。

除此之外，我感冒的次数也变多了，就算是非感冒季节也常去诊所报到，而且每次只要外出去到人多的地方，过几天就会感冒。渐渐地，我开始有点排斥出门，因为晚上睡不好、白天头痛的感冒经历着实令人难受。

很明显，我的抵抗力开始下降，体力也大不如前，就连追求美好未来的热情也变得不再强烈。

在读过好几篇有关运动的文章、经历好多次身心的挣扎后，我决定重新拾起运动的习惯。

起初我只是在家做些开合跳、原地跑步的运动，每天也就花差不多 10 分钟的时间，图的就是每天多流点汗，然后让自己放心去吃下一餐。培养出运动习惯后，我开始尝试更多的运动方式。当时网络上有很多燃脂运动的教学影片，我就随便找了几个开始锻炼。

这一练下去不得了，我发现自己的身体跟老人没两样。

常见的燃脂运动一般都分低、中、高三个级别，以帮助运动者逐步增加运动量。然而别说是中高级，一开始我连最低级的都无法做完，没练几下就脸红气喘，仿佛已经运动好几个小时，可是影片中教练一派轻松的样子提醒我其实才跳了不到十分钟。说实话，我是很用心的，每次都想硬着头皮跳下去，但想到再跳下去会有性命之虞，于是便不得不按下影片的停止播放键。

说我当时的身体像老人一点也不为过，因为那几个星期我只要一运动，隔天下床肯定要经历一番挣扎。手脚酸痛，肩颈酸痛，全身都酸痛，从床铺到浴室的路变得特别漫长。

我记得，当时每到傍晚的运动时间，我总会不自觉地找理由逃避运动，因为想到痛苦的运动过程与隔天的酸痛，实在让人很难提起劲来。不过我还是一次又一次地撑了过来，不知不觉间，我跟着影片跳的时间也越来越长。随着我每天运动量的增加，我的体重下降得也越来越快。慢慢地，我追上了年轻时候的自己，陆续完成了低、中、高三个级别的燃脂运动。

现在仔细回想，这个过程其实跟人生真的很像。

人是很念旧的，对于过去总会依依不舍，对于改变都会心怀戒备。每当学新的东西或是主管交代新任务，心里都会先产生不想做的念头，除非是形势所迫，否则很少有人会去主动改变。然而很多人都有过这种经验，现在手上不到一小时就能做好的事情，几年前首次接触时，可是需要花上一整天的时间才能完成，而且做出来的质量还不如现在。

从不会到会，从好到更好，其实每个人都是这样慢慢过来的。

养成每天做燃脂运动的习惯后，我的身材不到一年就恢复到原来的水平，以前买的衣服也都能穿上了。看到自己身材的变化，我心中萌生出想要变得更好的念头。在那之后，我又对自己下了挑战书，并开始举哑铃健身，我的身材也慢慢从偏瘦变成健硕。如今，我的身体已越来越好，身材比我年轻时还要健壮，体力比我年轻时还要充沛。

我常觉得，人的未来就好比黏土，形状如何取决于你如何捏它。只要用心去捏，抱着坚持努力的心态向更好的自己挑战，未来肯定会朝向你喜欢的样子发展。

没有一个舒适圈是不需要痛苦就能突破的，没有一种成长是不需要付出就能拥有的，没有一个梦想是不需要努力就能实现的。 想要变成更好的自己，一定先要挑战过去的自己；想要拥有更好的未来，那就把握好每个现在，去做不想做、不敢做、讨厌做的事情，接下来才能看到全新的世界。就算只有你一个人在奋斗也没关系，努力让自己变得更卓越，之后便能安心享受别人对你的赞赏。

人生就是这样，愿意在今天开始，愿意在明天坚持，不用去细数自己走过多少困境，只要持续朝着自己想要的生活前进，时间自然会把想要的生活带到眼前。

就算是微不足道的小事，
用心去做也能成大事

艾·语录

方向是对的，
就不需担心何时才能走到，
用心一步一步慢慢走，
反而可以更快到达。
别害怕自己没能力达成目标，
只要你能做好小事，
一定就能做好每一件事。

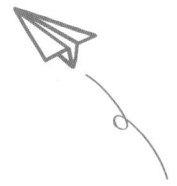

在电影《肖申克的救赎》中,蒙受冤屈的主人公安迪每天用汤匙、凿子等小工具挖墙壁,花了将近 20 年的时间,最终在牢房里挖出一个大洞,成功逃出戒备森严的监狱,重获自由和新生。

虽然是电影,却有几分真实。

很多时候我们渴望完成一件大事,却因为好高骛远,被困在眼高手低的世界里。殊不知能做成大事的那些人,都是从专心做好眼前的小事开始的。

虽然聚光灯通常只照在做成大事的人身上,但不代表他们一开始就如此受关注。**若是没有经过小事的累积,就不会看到大事的成绩。**

把小事做好,也意味着先思考哪件事对你而言最重要。毕竟生活中小事处处可见,有些很重要,但似乎不用那么急着去做;有些一点儿也不重要,却非常有诱惑力。因此,不少人就耐不住诱惑,持续做着不重要的事,却把最重要的事搁在一旁。

有时候，我们会因为目标太大而不知道该如何着手，甚至心生无法完成的恐惧，于是望而却步，不敢尝试。这也是我们要学会做小事的原因，因为所有大事都可以分解成一件件的小事，而且做好小事绝对比做好大事要简单得多。

打个比方，我的工作室中有个书柜，专门用来放置我经常翻阅的书，每格里面都塞满书籍。因为空间已经不够，所以有些书只好采取平放方式一本一本往上摞。已经发生好多次了，我想查阅的书正好在一摞书的下面，而我为了省时，总试图直接将它抽出来，结果不是费了好大的劲，就是整摞书崩塌下来散落一地。

后来我懂了，其实最好的方法是乖乖地把上面的书一本本先取出来，这样想要的书自然就会出现在最上面。这个道理其实跟完成大目标一样，你需要按照一定的步骤去做，才不会因为急躁而搞砸事情，或是因为进度不如预期而感到灰心。

学会做好小事，也可以帮助自己克服恐惧。美国心理学家班杜拉（Albert Bandura）曾经通过实验，成功让怕蛇的人在短时间内克服对蛇的恐惧。他运用的就是化整为零、逐步击破的方式，让实验者一步步突破内心的障碍，最终克服对蛇的恐惧。

班杜拉先让实验者隔着玻璃窗观看房间内的蛇，等他们适应后，再带他们到半开的门口外观察蛇，最后再让他们带上安全装备去触摸蛇。就这样，多数实验者最后成功克服对蛇的恐惧。班杜拉传达的核心观念相当简单：每次都让自己离内心抗拒的事物更近一些。

很多时候我们也是这样，明明知道某个目标很重要，应该马上行动，却不知为何总提不起劲儿去做。此时采用化整为零的方法，将目标分解成多个小事，用心去做，进度自然就累积起来。就算当下觉得那件事没什么了不起，它也会在未来的某个时候帮你一把，成为你前进的助力。

生命的每个阶段都有需要担心的事，也都有觉得跨不过去的坎儿，特别在面对抉择的时候。当然，不是每次结果都会令人满意，但关键在于省思、练习、坚持，以完成一件又一件小事的节奏，克服心中的恐惧，突破舒适圈的边界，进而成长。

一次，只需往前一点。没有人要你一步到位，就算是小事，只要持续去做、去累积，终能成就一件大事。突破恐惧也一样，当我们选择面对它、接近它，最终能够突破它时，恐惧就再也不是阻碍，而是支持自己产生更大动力的源泉。

能持续做好小事，其实就是一件了不起的大事。只要你能做好小事，相信也就能做好每一件事。

人生很长，
但没有长到可以浪费青春

艾·语录

不要勉强自己接受不喜欢的生活，
你的青春不应该这样耗费。
你可以抱怨，但不应该持续抱怨同一件事；
你可以生气，但不应该一直被相同的事情激怒；
你可以留下继续面对，但不应该是因为无法离开而被迫面对。

如果不满意现况，那就付出努力去做点什么，
若是环境无法改变，那就先让自己变得更好。
你的人生不应该被其他人掌控，
只要愿意给自己机会，你会发现，
走出去，外面还有更广阔的天空。

M是我工作上的旧识,由于许久未见,那天偶然碰面,我便与他聊起了近况。

"最近在忙什么?有什么计划吗?"我好奇地问。

"老样子,你也知道,还是一样的工作。"虽然我对他的回答并不感到意外,不过他的近况还是引起了我的好奇。

"离职那件事呢?你不是想尝试不一样的工作吗?上次听你在电话里说有家公司在挖你。"

"喔,对呀!你竟然还记得。不过我一提离职的打算,公司就开始挽留,主管还说要给我加薪。考虑了一下,这份工作还算稳定,而且环境、同事也很熟了,虽然每天还是一堆破事,但勉强过得去,就继续待着了。"

听完之后,我替他高兴,毕竟加薪是好事,值得开心。只不过,我当时并没有告诉他,眼前的他跟我以前的印象有点不同,人感觉是变稳重了,但似乎少了点光芒。

M原本是个充满激情的人。刚认识他时,我就感受到他那

大部分人都知道自己每天走在通往何处的路上，却少有人会去改变方向，都是要等到前方看不见路，或是来不及了，才后悔当初没有下定决心。

种职场上少见的活力。他属于那种初次见面就可以跟别人打成一片的人,再加上反应快、够积极,专业表现也令人满意,因此上司与客户都很喜欢他。之前私下聊天时常听他提起,有机会要出去闯一闯,希望在 30 岁前当上公司主管。虽然多数人都希望通过努力得到更好的未来,但 M 就是那种让你相信他一定会办到的人。尽管不曾听他谈过什么明确的计划,但只要提到跟未来有关的事情,他的眼神就充满期待,全身散发着热情,让人毫不怀疑他口中说的事情会成真。

然而,有热情是好事,但如果始终没能点燃什么,热情往往会经不起时间的考验,就像没浇水的盆栽,不知不觉就会枯萎。前一次碰面时,我就发现 M 似乎跟过去不太一样,话题不再热衷于谈论未来,很少畅谈心中想做的事。取而代之的是,更多对工作的不满、对环境的抱怨,还有对现实的无奈。而我们最近一次碰面时,他已彻底失去了畅想未来的热情。

"到底是什么原因让 M 原本的热情消失了呢?"回家的路上,这个疑问不断在我心中响起。"如今他会后悔自己当初做出的选择吗?"

你是否曾想过,到目前为止,你最后悔的事情是什么?

美国纽约街头就曾出现一块黑板,上面斗大的标题写着类似的问题:"你人生中最大的遗憾是什么?"底下则是满满的空白留给路人填写。

即使公开写下内心话需要莫大的勇气，但仍有些人因为好奇而靠近那块黑板，接着拿起粉笔开始沉思起来，最终越来越多的人写下自己懊悔的事。

"我后悔已经浪费太多时间，懊悔过去拒绝太多机会。"

"我后悔没有去完成自己想做的事。"

"没有对她说'我爱你'。"

"没有去申请喜欢的学校。"

"没有去追求自己的梦想。"

"我有很多事情想做，但我总是找不到时间去做。"

"事情都计划好了，但……但就是没有行动。"

"我后悔一直待在舒适圈里。"

"时光就这样流逝了，这是感觉最糟糕的事，不是吗？"

总结来说，策划这次活动的团队发现，大部分人写下的遗憾都跟这三件事有关：觉得自己没有把握住曾经的机会，没有勇气说出自己的心声，没有勇敢追寻心中的梦想。

"相比于后悔曾经犯过的错，多数人更后悔的是没有去做那些原本想做的事。"这是心理学家根据刘易斯·特曼（Lewis Terman）发起的访谈实验得出的结论。无独有偶，作家布朗妮·维尔（Bronnie Ware）曾经直接参与安宁疗护工作，她深入访谈那些生命已走近尾声的人，发现多数人在临死前都希望当初有勇气去做自己想做的事，而不是按照别人的意愿去做事。

生活中，我经常跟人见面、聊天，因此有不少机会深入了解别人工作与生活之事。通过言谈,我了解了他们对现实的无解、对工作的无奈,以及对突破现况的期待,却也发现他们一直深陷在自己所设的思维陷阱里不肯出来。

其中,最大的一个陷阱,就是认为自己的时间还有很多。

虽然我们常说人生七十才开始,人的寿命也越来越长,我们有更多机会去完成更多的事。但是,即使人生很长,也不代表长到可以恣意浪费青春。

想拥有成功的人生,活出该有的精彩,关键不在于你最后得到了什么,而在于你是否付诸行动,是否在过程中全力以赴,以及是否付出应有的代价。也许你需要接受生活的挑战,承受别人的调侃、旁人的不解,偶尔还要低声下气地向现实屈服,但这一切都不该成为你放弃努力的理由。

大部分人都知道自己每天走在通往何处的路上,却少有人会去改变方向,都是要等到前方看不见路,或是来不及了,才后悔当初没有下定决心。所幸,机会还没消失。如果你现在心中有任何想做的事,赶紧跨出第一步。前方的路即使再难走,只要确定那里有自己的梦想,就不要再迟疑;只要努力付出,任何结果都能坦然接受。千万不要因为人生还很长,而放任自己不去行动。

人生或长或短,都不是用来浪费的,而是用来闯荡的,是用来从事自己热爱的事业的。唯有如此,当你即将走到生命尽头时,才可以自信地对自己说:这辈子,没有遗憾,不虚此行。

梦想有时候看似不切实际,但总能在平淡的日子中支撑着自己。
了解自己为什么而忙,然后你想着想着,做着做着,
某天抬头一看,原来梦想已经近在眼前。

初衷难寻,
但它一直都在。

有一天你会跟自己说：
好在当时的我那么努力

艾·语录

每个人都有倦怠的时候，
但其实这是一种考验，
考验你是不是已经准备好拥有更多，
是不是已经准备好拥有一个更棒的未来。

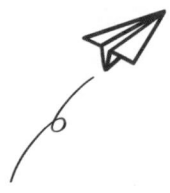

　　桌子其实是件很有趣的物品，当一个人长时间坐在桌前为某件事努力，往往是处于人生的关键阶段。准备重要的考试，一张书桌陪考生度过多少夜晚；晚上加班完成一个又一个项目，凌乱的办公桌成为升迁的战场。然而，也正是那么多个独自拼搏的夜晚，外加与不确定成果奋战的疲累，让你对自己产生怀疑，对未来感到迷茫。

　　谁都不习惯站在人生的十字路口中央。面对未来，我们都没把握能做出正确的选择；面对未知，我们都不擅长勇往直前。然而，也正是这种始终笼罩在心头的不确定感，激发出我们更大的潜力，让我们从不知所措到突破现况，从而遇到更好的自己。直到有一天回头看时，才发现当初走过的那段艰辛之路，其实就是成长的阶梯。

　　也许有些人会感到疑惑："万一选错路了怎么办？""万一走到尽头才发现没有出口怎么办？""万一我的人生就此白费，旁人嘲笑我怎么办？"或许就在当下，你失去上一秒还在的热情，开始跟自己说现在的努力不会有意义。

其实，**有意义的人生很少是瞬间出现的，意义通常是在好多个事件不断交集、互相叠加、相互作用后才逐渐清晰**。今天看似无意义的事情，在未来某个阶段或许会变成关键因素，那时的你就会庆幸自己当初的努力。

面对不确定的未来，最佳的方法是努力把手上的事做好，从中学习能够傍身的本领，让它变成你往上攀登的阶梯。或许你不会马上找到答案，但坚持努力肯定会比彷徨犹豫、不知所措要好。努力不代表要把自己绷到最紧，适当的压力可以让人更加强大，但过度的压力则会让你的健康承受不起。用心从中学习就好，不轻易对困难说放弃，总有一天，你投入的努力会转化成你的实力。就算生活从表面上看仍然一成不变，事实上你也已经在积累蜕变的动能。

——直到有一天回头看时，才发现当初走过的那段艰辛之路，其实就是成长的阶梯。

往后的日子,你还是会遇到阻碍,你依旧会感到疲倦。不过没关系,也别担心,人并不是机器,不可能无穷无尽地努力下去而不知疲惫。停下来休息或放慢脚步都是一种调整,只要记住,**当人在突破自我时,一定会受到阻力而后退,而这种后退,是为了让你拉出助跑的距离。**

产生放弃念头的当下,正是考验你能不能过关的时刻。一定要记住,只要是值得的事,就要撑住。要不断地提醒自己,宁可放慢脚步,也不要停下来。一旦你愿意持续下去,看似突破不了的界线就会被你跨越,然后你便会再次感受到成长的喜悦,生活便会再度变得更好,目标又会变得更加清晰。这不是玄虚的空谈,我描述的是一段很多人都经历过的真实体验。

如果凡事都很顺利,当然不会有人抱怨生活艰辛。但事情就是这样,过程不会一帆风顺,真正考验人心的正是遇到麻烦的时候。随着你不断努力,挑战也会越来越大,这并非你运气不好,这才是真实的人生。你只有抱定决心跨越阻碍,才会得到更大的奖赏。

有一天,你会感谢现在默默坚持的自己,正因为此时的你这么努力地过日子,才能让那时的自己过着梦想中的日子。

——专注在有益于自己的事情上,坏事走了,好事就跟着来了。

用心学习,不轻易对困难说放弃。就算生活从表面上看仍然一成不变,事实上你也已经在积累蜕变的动能。

谈相处

CHAPTER 5

那些藏在人与人之间的微妙

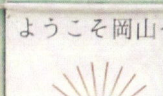

别只关心忽略你的人，
却忽略一直关心你的人

艾·语录

不要把关心用在一直忽略你的人身上；
也不要一直忽略那些愿意关心你的人。
这世上没有谁有义务要对另一个人好，
在乎如果只维系在单一方向，
彼此关系很难长久。

重要的是，别无止境地消耗那份关心的额度，
因为当额度见底时，
很有可能连再见都听不到。

先不论吸引力法则是否存在，我知道每当我们遇见想法或个性与自己相近的人时，都会觉得那个人很好相处。

人的性格禀赋、出身门第、所见所闻、所思所虑各不相同，因此，要在茫茫人海中遇到性情相投、志同道合的知音是件多么不易的事。难怪当身边出现个性或想法相近的人时，我们总会感到特别开心，彼此相处起来也会更加轻松。

人与人交往，总希望彼此是频率相同的人，期待对方是很好相处的那一位。

不过，这世上有着形形色色的人，大部分人很好，有些人却很坏。当有些人做出伤害你感情的事时，你心中自然会埋怨对方的不好，抱怨对方为什么如此差劲。但有时候，**并不是别人刻意要那样对你，而是你允许别人如此对自己。**

围绕在我们身边的人就像是一面镜子，你能从中看到真实的自己。所谓物以类聚，人以群分。喜欢户外旅行的人，常会聚在一起讨论下次旅游的地点；喜欢慢节奏生活的人，常会约在一起闲聊生活的点滴。同样，乐观积极的人常会互相鼓励，喜欢抱怨的人常会聚在一起倾吐内心的块垒，爱说八卦的人自然会吸引其他爱说八卦的人，经常玩弄感情的人也容易遇到不认真看待感情的人。这些行为并没有对或错，重要的是你自己是否喜欢。你之所以会跟某类人成为朋友，是因为你也是与之相似的那类人，你也喜欢用那样的方式去对待其他人。

因此，**想要别人怎样对待你，自己就要先成为值得被那样对待的人，这样才会吸引到也愿意如此对待你的人**。你必须多关心自己，别人才会愿意关心你；你必须先学会尊重自己，别人才会尊重你。换句话说，如果你不认真看待自己的梦想，别人也不会认真看待你的梦想；如果你不重视自己的人生，别人也觉得没必要重视你的人生；关键时刻你不为自己说话，以后别人就会忽视你的心声。

虽然并不是你对别人好，别人就会同样对你好，但是若连你自己都觉得不值得别人对你那么好，别人自然就更不会觉得要对你好。这些都是相对的，你不需等到对方先做了什么才开始做，先让自己变好，自然会吸引到更多也想对你好的人。

坦白说，人与人相处，没有人希望自己因结识朋友而变得更糟糕。我们通常是在相处之中寻找相同的频率，希望双方都能获得成长，或是过得更开心，谁都不希望自己只是在取悦对方。

没有人有义务要对另一个人好，若有人想尽办法释放好意，不见得是他没有安全感，而更可能是出于他的某种情感，或许是爱、是关心、是不忍、是想拉近距离，是希望彼此的关系能朝着更好的方向前进。

所以，当一个人努力对你好时，请不要觉得理所应当，因为那些好意背后的情感，只有真心付出的人才懂。

我们都该学会在做好自己的同时，仍对其他人保有应该的尊重，而不是凡事都要别人配合，强迫对方按照自己的规则相处。遇到与自己不合的人，保持礼节上的尊重就好，不需要特别巴结，也不需要刻意疏远，更不用怂恿其他人排挤对方。你不想要的，别人也不会想要；你希望受到尊重，别人也希望受到尊重；你理直气壮，别人不一定觉得理所当然。保持该有的圆滑不是指到处讨好，而是懂得在不同的场合做好自己分内的事。你给了别人该有的空间，别人也不会刻意来打扰你。

哪怕是遇到不讲理的人处处冲着你来，也不用气得跟他争论谁对谁错，更不要想尽办法搞懂那个人为何讨厌你。你主动示好自然没什么问题，问题在于那样的人或许根本不重视他人的好意。毕竟，我们自己也不可能喜欢所有人，因此面对这种人，保持距离才能保护好自己。如果别人一直背对着你，就别再拿自己的热脸贴过去；如果别人一直挑衅你，毫无反应往往是更强大的反击。

也许这一切听起来太复杂，做人好像不该那么累。但其实这可以比想象中简单，只要专心过好自己的生活就行。试着以自己喜欢的方式过好每一天，从容地面对生活中各种挑战，你自然会成为快乐的人，周围也会充满更多美好的事物。只要认真地过好每一天，即使幸运之神现在没有眷顾你，未来的你也会好好报答自己。

懂得倾听，
是为了更贴近彼此的心

艾·语录

"你在听我说话吗？"
这句话的意思不是真的想知道对方是否听见，
而是想确认，
彼此的心是否相连。

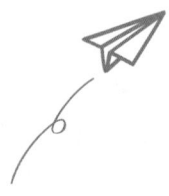

如果要我选择人生有哪些必修的课程，我会把"沟通"列在清单里。想一想，我们一辈子会遇见多少人，又会开口与人交谈多少次？懂得沟通的技巧，人生一定会快乐不少。

说到沟通，很多人自然会想到说话技巧。坊间也有很多教人说话的书，教授如何把话说得让人心动、令人欣赏。只是，沟通不是谈判，并不是要说服别人去做你想做的事，而是要让彼此在意见不同的事情上产生共鸣。把话说得漂亮虽然对沟通有帮助，但那不是沟通的唯一重点。很多时候学会倾听，反而能让沟通更加顺畅。

倾听，我觉得关键在"倾"，而"听"在其次。倾向于从对方的角度去听一个人说话，这就是倾听的本质。换句话说，**倾听意味着将自己的心交给对方，让自己从说话者的角度去看事情。**

不论是爱情还是友情都会有争执。许多时候并非不懂对方在说什么,而是担心自己的话没有传到对方心里,担心自己珍惜的东西不被重视。毕竟相处再久的人,也是来自相异的家庭,有着不同的成长背景和价值观,想法中一定会存在没有交集的地方,而只有学会倾听,才能够了解彼此的不同。

学会倾听,有时也表示你要理解对方真正的心思,而不是只听出话语表面的意思。一个人跟你说他很累,可能是想表达他有多努力,他对梦想有多执着;一个人说他现在很幸福,可能是想邀请你分享这段美好的时光;一个人说他对某件事感到气愤,也许是想知道你是否有一样的看法,希望你能成为他同一阵线的战友。当然,需要经常猜测的关系无法维系长久,但是在一段健康且互惠的关系中,大部分时间只是需要你站在对方的角度想一下,并不是真的要你猜测对方的每句话。

当然,学习把话说对也很重要。有时候无心的一句话,就可以破坏别人一整天的心情。该开口表达时却选择沉默,日子久了就会让彼此的关系变得越来越沉重。在适当的时机说出恰当的话,也是人生必修的课程,但目的绝不是为了奉承对方,而是让彼此关系能够走得更远。

除了听和说,沟通时,表情和眼神的回应也很重要。很多人应该都有过这样的经验,当你在跟人讲话时,若对方正好在忙其他的事,或是眼睛正盯着手机,因为在对方身上搜寻不到关注自己的信号,所以会忍不住想再说一次,以确保对方真的听见。因此，与人谈话时，记得要通过眼神和表情适时地回应对方，让对方知道你在听他说话。若当下确有非处理不可的事，就先向对方说明一下，让对方知道你很重视他想说的事。

一段关系，彼此从陌生到相识，双方刚开始都各自弹着不同的节奏，唯有通过互相倾听才能找到一致的节拍，这样谱出的曲子才会和谐，关系才会长久。这并非表示某一方缺少主见，而是主动邀请另一方，在更好的未来相见。

吵架时,一定要先放过自己

> **艾·语录**
>
> 不要在对方开始冷淡时,
> 才发现彼此间缺少了什么;
> 不要等对方已经转身后,
> 才抬起头想要挽留。
> 无论在亲情、爱情还是友情中,
> 忽略都是一种慢性毒药,
> 因为当它被明显感受到时,往往已经来不及。
>
> 我们都要尽早学会珍惜一直在身边支持你的人,
> 而不是在痛过之后,
> 才知道自己在乎的是什么。

  不只是爱情，当一段关系走入更深的阶段后，吵架就变成检测感情浓密度的试纸。觉得对方是重要的人，因此会把更多的期许强加给对方；原本只有自己在乎的事，也开始希望对方跟着在乎。当来自不同生活环境的双方出现观念的分歧时，争执在所难免。此时，谁先退一步，看似微不足道，却是影响双方关系走向的关键。有时，主动让步还会被拿来当作谁比较爱谁、谁更在乎对方的证据。

  确实，每段关系中都需要有人主动退让，彼此的误解才有得解，彼此的不合才会变得契合。然而，在吵架中主动退让需要很大的勇气，因为那代表即使你仍然在气头上，即使你有满心的委屈，也要先低下头，承认自己不够冷静。总之，在一般人看来，主动退让的一方往往会成为认输的一方。

  只是人与人的相处，既不是职场上的竞争关系，也不是战争中的敌我关系，并没有争输赢的需求。我们之所以会感觉到输赢，是因为我们没有先放过自己。

吵架或争执，除了因为意见不合，还可能是因为自己的过去遭到对方的否定。以往你一直深信不疑的价值观，却因为某个原先陌生的人而变得支离破碎；本来你在家里是父母的宝贝，在对方那里却被无理糟蹋。可吵完架后，抱怨与忏悔的声音会在心里不断撕扯。一方面告诉自己这次要让他知道你有你的原则，一方面又心疼对方会不会被你的气话伤得太深。而思绪就一直在两者之间不断打转，愈想愈烦。

不愿先退一步，有时也是因为新的争执让人回想起过往某段伤心的经历，那时的你曾经因为一再退让而受伤，因此你决定要在新的关系中好好保护自己。

别给自己太多的压力，你不一定要成为主动退让的人，但你一定要成为放过自己的人。**放过自己不代表你做错了什么，而是告诉自己不该再被糟糕的情绪奴役，不该拿吵架时产生的坏情绪来折磨自己，不再让过去的噩梦吞噬现在的你。**

放过自己，才能放下争执中那个倔强得令人讨厌的你，才能释放那个关心对方的你。此时，你在乎的焦点会从谁对谁错，变成双方如何从意见不合变成互相了解。有了这样的转换，先提出和好的你便不再是认输的一方，而是主动释放信息的一方。你用退让的行动来告诉对方，此刻的你心情已经平复，接下来你们一同把不好的情绪留在吵架里，让更好的关系从吵完架开始。

我们一生会遇见好多人，能够在人海中彼此相遇已是有缘，而能够成为重要的伙伴或恋人，更是前世修来的缘分，值得我们倍加珍惜。只不过，两个人从认识到认定，从相知到相惜，中间少不了争执和磨合；从不解到理解，中间也必然会经历无数次的难以理解。

学会整理和消除自己的负面情绪，而不是让争执产生的糟糕气氛笼罩自己。只要对方是在乎你的人，你自然能感受到对方在乎你的心。主动和好不是懦弱地向对方示好，而是勇敢地促进彼此关系变得更好。看似退让的一方，反而成为邀请的主人，邀请彼此用更好的自己，陪着对方走向更好的未来。

美好人生不是计较出来的，而是计划出来的

艾·语录

觉得谁比谁好，
计较谁应该比谁拥有更多，
谁比较在意谁，
其实都是因为过于担心而产生的精神匮乏。

与其烦恼自己这辈子只能这样，
不如从现在开始把握改变现状的机会，
计划出更好的人生。

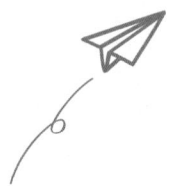

　　计较是一门艺术,多了会让人觉得不好相处,少了又会让自己觉得委屈,过得不开心。

　　虽然人生有很多事情不用计较,长辈也常提醒做人不该太计较,但有时沉默过了头,你之后再想说什么,其他人也不在乎了。如果是关系到自身权益,特别是在职场中,比如明明努力的人是你,却被其他人抢走功劳,这时适当计较也很有必要。

　　然而,若只是单纯地计较谁好谁坏、谁比谁有资格,处处打着讨公道的旗号跟人争长论短,执意要分出输赢,那么动机就发生了偏差,从原本打算追求更好,变成非得要分出谁对谁错。

　　发现有人做错了,或是不想看到事情变得更糟,若对方是个能够接受建议的人,互相提醒是有助于共同成长的;倘若对方并不是一个愿意接受指正的人,那么保留点距离才是较好的方法。毕竟,每个人的学习方式各不相同,有些人喜欢通过听取他人的经验来调整自我,有些人则要通过沉痛的教训才会自我反省;有些人会跟你讲道理,有些人则只相信自己那套理论。

这并非表明谁比谁优秀,而只是表明不同的人有不同的成长方式而已。遇到不喜欢接受建议的人,与其在那里烦恼该如何跟他开口,还不如把时间留给自己比较有意义。

在工作中,如果是你的权益,你就该积极争取。但如果在生活中经常计较,觉得某人凭什么过得比你还好,觉得上天为什么如此不公,那么你只是在不断地伤害自己。幸福的生活其实很难用表面的东西来衡量,幸福并不是用赚多少钱、打扮得多漂亮来定义的。

一个人是否幸福,只有当事人自己知道。并不是表现得幸福就真的拥有幸福,况且,每个人幸福的标准各不相同,某个人的幸福可能是另一个人的枷锁。**活着,与其浪费时间计较谁过得比较好,不如好好计划如何提升自己。**如此一来,心情便会更好,未来也才会真的变好。

即使面对别人的刻意计较,也千万别陷入你争我夺的处境。别人说什么,别人怎么想,你无法阻止,也无须理会。有些人希望你失败,有些人期待你出丑,有些人心怀恶意去阻挠你,而有些人冷嘲热讽地打击你。他们的目的不是要解决你的问题,而是要消耗你的心情。

虽然很难受,但还是要有勇气承受。除非你自己允许,否则这些人的言语和想法永远无法扰乱你的内心世界。你无法控制别人说什么,但是,你一定可以控制要跟自己说什么。懂得捍卫自己的内心世界，才可以以最真实、最喜欢的姿态活在这个世界上。

别总是羡慕别人，而处处限制了自己；更别因为计较，而失去成就美好人生的机会。**凡事都想计较，只会让你觉得凡事都有缺憾；不断放大自己所缺少的，也就更容易忽略自己所拥有的。**

每个人的一生都很珍贵，都该好好珍惜，谁都不必跟谁证明自己比对方好。不用去计较谁住的房子大，谁开的车子新，谁领的薪水多，谁过得比较快乐，自己觉得过得好，才是真的好。把心思重新拉回到自己身上，不再以别人的标准来计算自己缺少什么，也不用计较谁的幸福才是真幸福。好好享受自己的生活，才能用今天的快乐，预约未来的美好。

朋友,新的会来,
旧的也不会真的离去

艾·语录

别在快乐时就忘了一起哭过的人,
也别在成功时就忽略一起苦过的人。
许多人都能与你同甘,
但你更应该珍惜的是,
那些当你身处低谷时仍陪在你身边的人。

真正的朋友,
就是那些在你好与不好时,
都愿意陪在你身边的人。
他们即便很少,
也已足够。

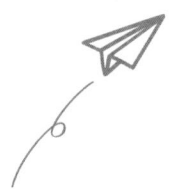

  友情是除了亲情与爱情外,最耐人寻味的感情了。误解、吵架、担心、期待、生气,这些发生在亲情与爱情里的点滴,同样也会在友情里出现。当和同事产生误会时,由于只是因工作需求而建立起的感情,因此我们还能够从理性的角度出发,去衡量是该割舍还是继续交往。但朋友之间的友情,却往往因为投入的感情过多,反而承受不起误会的打击。有时候,一次误解就可能变得不可原谅,让双方陷入无法挣脱的情绪旋涡,最终导致分道扬镳。

  因为在乎,跟对方的生命有更深一层交集,所以才会把对方看成重要的人。渐渐地,朋友开始变得像家人,对待彼此的方式也开始像家人。嘘寒问暖的次数减少了,可对对方的要求却增多了。

  只是朋友毕竟不是家人,家人可以对你无限包容,但朋友之间并不存在无止境的宽恕。世上本来就没有所谓的永远,谁都不能保证会一直待在另一个人身边,就算是不可割舍的血缘至亲，某天也可能会离开自己，何况是原本陌生的人。如果从这个角度去看待每一段友谊，你就会知道能够偶尔见面已值得珍惜。

很多人应该都是如此，自从毕业踏入社会后，与同窗好友碰面的时间越来越少，常常只能从一位朋友口中探听另一位朋友的消息。社会就像一条永不停息的河流，以忙碌之名不知不觉冲淡了某些人的存在，直到某天想起通讯簿中还有某人的名字，想要拨号却心生犹豫，那时才察觉生命中或许又多了一个过客。

回想起来，学生时代一群人有说有笑，今天畅谈梦想，明天饮酒共乐；一起哭、一起疯、一起熬夜、一起赶论文，虽然没说，但早已认定彼此是一辈子的朋友。

毕业后，大家各奔东西，风流云散。今天要面对工作的烦恼，明天又要感受生活的无奈。于是，一个月就这样过去了；接着，一年也就悄悄而过，朋友间联络的次数越来越少。虽没说破，但有些人早已变成通讯簿里的一串名字而已。

其实，生命中的每个阶段都有过客，也都有伴侣。我们能做的是用心经营当下每一段友情，把彼此的美好放在心底。即使有一天真的需要离别，将来回忆起来，这些也都是生命中的美好点滴。

这辈子，许多人会与我们擦肩而过，能够从陌生人变成朋友，既是巧合，更是缘分。最初，大家来自五湖四海，因缘际会，才能彼此相识。而且大部分人只会在你的生命中停留片刻，随即继续前行；只有少部分人会成为你的朋友，与你结伴而行。

然而不是彼此一起走得够久，就不会再遇到岔路。有时朋友会进入不同的人生阶段，可能是结婚生子，或是移居他乡，彼此生活中发生的事情渐渐不同，聊天能产生的共鸣也就慢慢变少。直到某天你发现对方在网络上分享的生活，似乎跟自己记忆中熟悉的人不同了，那时才会感叹自己已无法参与对方的新生活。

有相聚，便有离别。只要享受友情之乐，便免不了经历离别之痛。**然而，离别也不代表永别，也许有一天，双方都会以更好的姿态再度相遇，那时的情景肯定充满更多乐趣，彼此分享着生活中的酸甜苦辣，笑着跟对方说其实你一点也没变。**即使双方最后又要在生活里各走各路，也会满怀祝福地跟对方道别，期待之后再相遇的可能。

友情，就是如此耐人寻味，所以才值得一再回味。我想，天下没有不散的筵席，但也没有绝对终结的友谊。虽然远离，但彼此会以熟悉的样子，活在一起编织出的美好回忆里。

懂你的人，不用多说；
不懂你的，多说无益

艾·语录

在成人的世界里，
并不是每句话对方都想听，
也不是每个善意都会被接受。
说出来，却也戳破了，
有些人还会因此跟你翻脸。

学会看透却不说透，
并非选择不出声，
而是把话留在心里，
把事实，留给时间。

  沉默，有时会被视为是没有主见、不敢表达的行为，是一种会给别人带来压力的"声音"。可是，当我们听到一个人言行不一，但又不适合当面戳破时，沉默反而是一种善解人意的做法。

  当然了，不是表现得善良，你的世界就能风平浪静，但至少你的内心会比戳破某人后更加平静。虽然面子只是种表象，但每个人都有自己的立场要维护，当面指出某人的错误，或是拆穿他人的谎言，不见得会让事情往更好的方向发展。

  世界上的人那么多，自然也会有些表里不一的人，他们一边趁别人不在时恶语中伤，接着又假装好意地跑去关心对方。然而，并不是瞒过别人一两次，这个世界就会真的照他们希望的方式运转。对方没有做出反击，也许只是希望大家能和平共处，或是想靠努力证明自己而已，并非每个人都想跳入互相陷害的漩涡。没有人出面阻止，也不代表所有人都被蒙在鼓里。

  听到不实的言论，不需要拿起泥巴互砸。对伤人的行为视而不见，不表示受到中伤者不敢面对，而是他们知道，每个人

终究都要对自己的行为负责，迟早会品尝自己酿下的苦果。

有时，我们会急着想要解释，因为我们太过在乎自己在别人心中的形象，生怕一不留意，自己的人际关系会出现问题，成为别人指指点点的对象。然而，真正懂你的人自然会看见你的努力和用心，因为他们也是很努力用心的人，所以才能理解你的努力。至于喜欢流言蜚语的人，正是由于花太多时间在别人身上，才没有用心管好自己。这样的人自然也不会懂你。况且，大多时候，如果一个人不断找你麻烦，往往是你身上有那个人一直得不到的东西。他没办法放下，就只好把你拉下来。

与人相处，多说好话绝对不会把事情搞砸。相反，这样既能够促进双方的感情，又能让双方都得到快乐。只要发自内心的真诚，将注意力放在对方的优点上，你的赞美就会使对方开心一整天，而你也可以借此培养出关注生活中美好事物的习惯。

若是想提出建议，特别是略含批评的建议，就要三思而后行。首先要确保对方是认同你想法的人，知道你是真的在关心他。毕竟，**相信你的人，会把你的话当作提醒；不信你的人，会把你的话当成指责。** 如果一个人觉得别人都对不起自己，那他也很可能从未好好对待过自己。即使你的建议是出于好意，也可能被他认为是一种攻击，所以对于这种人，提出建议时请务必谨慎。

对于跟自己无关的事，最好闭紧嘴巴。适时沉默不等于不肯发声,有话直说也不等于讲话难听。很少有人会希望自己的缺点被公开谈论,你也不知道何时会触碰到别人的要害。况且,并非每个人都足够理智,能够冷静地接受别人的建议。在不确定双方是否真的理解彼此的立场之前,把容易引起对方误解的话吞下去,绝对比被人误解要好。

在这世上,对于懂你的人来说,你所做的任何事都是出于好意;对于讨厌你的人来说,就算你默不作声都是心怀鬼胎。适时选择沉默,并非代表你不愿发声,而是知道有些事只有在乎的人才懂;也只有在乎的人,才会认真看待你的初心。

维持人际关系是必要的,但良好的人际关系不等于要让每个人都喜欢你。要做到人见人爱会很累,到最后不爱你的人反而是自己。眼前,一定有更重要的人值得你在乎,把时间花在他们身上,你也会更加快乐。毕竟,知心的朋友真的不用多,懂你的人就算很少,也已足够。

别让他人的一句话，
夺走你一天的好心情

> **艾·语录**
>
> 别因为一句批评，
> 就难过一整天，
> 否则人生大半辈子，
> 很可能要在烦恼中度过。

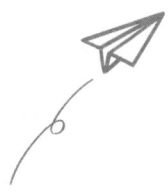

在我的认知中,与人好好相处并不难,难的是不仅相处融洽,彼此还能互相尊重。毕竟,每个人的想法都有些微不同,同一句话被传到十个人的耳朵里,可能出现十种不同的解读。同一句话以不同的方式说出来,听者心里的感受也可能天差地别。

也许是无心之举,也许是故意为之,有些人特别爱用嘲讽的语气跟人讲话,或总是抢着在别人把话说完之后,补上一句"那算什么"。或许他们觉得讲这些话无伤大雅,甚至伤到别人后,还会在私底下抱怨对方太过脆弱。其实,真正脆弱的不是别人,而是他们。这些人看似外表强势,其实内心懦弱。在他们嘲讽行为的背后,隐藏着恐落人后的焦虑和愧不如人的自卑。有趣的是,其中有些人自以为是,总把自己视作团体的核心,喜欢主导发言权,可是只要他们一出现,现场的气氛就会降到冰点。

其实,不论那些人说的话有多难听、多荒谬,你都不需要对他们生气，更不应该跟自己生闷气。别人说什么不重要，你把什么听进心里才重要。就算影射的事情刚好是你非常在乎的事，你也有能力用自己的声音盖过它们。很多时候，**我们会因为别人的一句话而难过很久，却忘了只需要自己的一句话，就可以重新快乐起来**。太在乎别人声音，结果往往会让自己忙于解释，而无法好好经营自己的人生。

的确，内心再怎么坚强，还是可能会因为别人几句难听的话而辗转失眠，甚至畏缩不前。但是，**与其去在乎那些话有多伤人，不如去思考那些话是否值得在心中不断回放**。

人生就是这样，你想走的道路，你想过的生活，可能也是他人向往已久的道路和生活。然而他人畏惧不前，你却排除万难，勇往直前；然后，你的存在也就变成他人的难堪。

其实，我们无须为了迎合某人而停下脚步，因为这个世界的声音太多，多到听也听不尽。虽然坚持相信自己很难，但是生活在这个越来越复杂的世界中，只有单纯地相信自己，你才会有力气相信这个世界。

记住，如果心中塞满他人的批评，便无法装下更多的美好。因此，不要把别人的批评放在心中，更不要因为别人的批评而失去自我。我们都应该努力成为自己喜欢的人，因为这是最能带来快乐的事。

一句话能产生多大的影响，其实很少是由说话的一方决定，而大多是由听话的一方决定。我们之所以那么容易受影响，除了不甘心付出的努力被别人扭曲外，也可能是因为花太多时间去在乎别人怎么想，却忘了花时间去思考自己应该如何想。当你愈清楚自己是在为了什么而努力，就愈能对别人的闲言碎语产生免疫。到后来你会发现，别人再怎么喋喋不休，也抵不过你的一念之转。

不要让他人的一句话，轻易夺走你一天的好心情。那样只会让他们更加肆无忌惮地打击你，以及那些像你一样认真的人。你不需要阻止他们的行为，但你可以阻止自己受他们影响。总有一天，当你经受百般嘲讽还能不为所动，可以头也不回地继续前行时，那些人就会明白，原来他们心中自以为是的乐趣，只不过是你人生中转瞬即逝的点滴；他们的嘲讽已经无法阻止你，反而正在让你变得更加强大。

只有你能决定
自己的内心有多平静

> **艾·语录**
>
> 你整天开怀大笑,有人会说你得意忘形;
> 你整日不苟言笑,有人会说你很难亲近。
> 你说话坦白,有人会埋怨你不给面子;
> 你保留想法,有人会批评你没有主见。
>
> 这个世界的样貌即是如此,
> 无论你成为什么样的人,
> 都会有人希望你不要变成那样。
> 活得自在并非不接受别人的建议,
> 但至少不要按照别人的评断去活。
> 别忘了,那些人下的评断跟你无关,
> 正在决定自己未来的人,永远是你。

　　在工作和生活中，难免会遇到专门唱反调的人。你建议往东好，他偏要说往西才对；你提出新的看法，他偏要挑衅说你想得不够周全。反正你说的一切，都入不了他的"法眼"。如果对方只是人生中的匆匆过客，忍一忍过去也就算了。偏偏有些是你每天都要见面的人，或是生命中暂时无法分开的人。

　　如果对方只是纯粹在表达自己的想法，就事论事，那么只要双方火药味不浓，还可以算作理性地交换意见。可是有的人总是浑身散发着浓浓的敌意，别人只要有新想法，他一律不假思索地先质疑，旁人的建议在他看来都是不切实际。这类人往往心中缺乏安全感，所以才会采用否定和攻击的手段，防止别人抢走他仅有的尊严。

　　遇到这样的人，不要情绪激动，你并不需要跟他争论什么。一般来说，当彼此的观点有出入时，在还没有彻底了解对方的想法之前，双方坚守自己的看法并无不妥。不过，如果遇到充满敌意、蛮不讲理的人，还处处为对方着想，想要以德报怨、展现大度，就可能会让自己受伤。因为你的体贴反而会使对方更加跋扈，你的退让反而令对方得寸进尺。不争执，绝对不是让你示弱和退让，而是要你与对方保持距离，以便给自己更多的空间从容生活。

虽然听到恶意的批评，心情肯定会受影响，但如果你深陷其中，就等于放弃了自己好好生活的权利。未来还有很多美好的事物在等着我们，我们实在没有多余的时间去烦恼与自己人生无关的事。若将宝贵的时间用于和这样的人对抗，岂不是太过浪费。即使他们的行为实在可恶，**与其选择不放过，倒不如选择先放下。放下了，你才能把力气花在有意义的地方，把专注力重新拉回正确的方向。**

我知道，正是因为你如此努力地生活，所以看到那些令人讨厌的事情才会生气。然而在争出胜负之前，或许你应该先停下来想想，对方无理取闹的话是否真的值得你在意？那样的人是否真的值得你在乎？理性沟通本是你的好意，但面对蛮不讲理的人就不要继续在意。收回那份心，让自己恢复平静。

在这个自由开放的时代，每个人都可以自由发表意见，因此，恶意的批评也会随之增多，无人可以置身事外。唯一的方法，就是你选择将自己的内心与那些恶意的中伤隔绝，即使外面的世界再混乱，你也有能力让内在世界保持安静。那些难听的话，那些恶劣的作为，那些讨厌的质疑，只要没有经过你的同意，都无法传到你的心里。

有些时候，遇到坏事心情很难过得去，但别让那些坏事造成你的生活过不下去。时间是剂良药，再严重的事情也会在时间的作用下稀释、变淡，因此，现在的担忧和在意是一种无益的徒劳。

面对无奈的生活，觉得烦恼、不顺、倒霉很正常；面对残酷的现实，偶尔挨上几拳也无妨。但这些都应该是为了值得的事情，为了美好的未来，为了身旁重要的人，而不是为了只想跟你作对的人。别把时间花在寻找别人与你作对的原因上，因为你再怎么花心思也很难找到答案；就算找到了，那些人还是会编出新的理由，继续拦截原本属于你的美好。

请把你的力量留在值得付出的地方，而不是用在无谓的争论上。因为不论输赢，你的世界都会变得乌烟瘴气、昏天黑地，黑到可能连你都无法认出镜中的自己，此时再想拼命刷洗，却只会弄痛了自己。毕竟，对方的世界，从来就不是你想要的世界。你用跟他们一样的方式回击，只会让更多的负面情绪包围你。

永远记住，**不要让那些人的想法左右你的做法，不要让他们的指指点点，真的成为你的痛点。生命中最好的向导，绝对不是别人的建议，而是你自己的声音。**